簡報處理
PowerPoint
2019 一切搞定

目錄

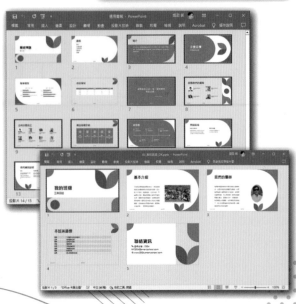

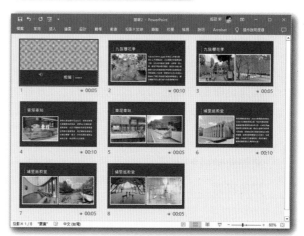

目錄

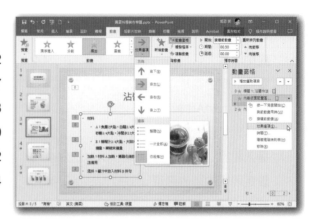

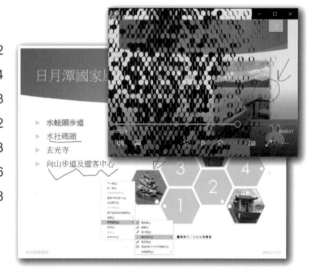

Check

輕鬆認識

PowerPoint

☆ 認識簡報製作軟體

☆ 認識操作環境

☆ 投影片的檢視模式

☆ 認識版面配置與位置框

☆ 編輯投影片

☆ 物件的基本編輯

☆ 簡報設計的技巧與建議

認識簡報製作軟體

PowerPoint 被公認是一般公司企業或個人使用最頻繁的簡報軟體，它能讓您建立簡潔的投影片或複雜專業的簡報內容，完美展現個人或群體的想法與創意。PowerPoint 不只是簡報軟體而已，它還可以製作旅遊相簿、個人履歷或作品發表⋯等，不做正式的簡報，也可以透過 PowerPoint 來紀錄自己多采多姿的生活！

從 PowerPoint 簡單易學的操作介面，提供簡報製作的各種基本功能與工具，以及優化簡報的各種特效，例如：專業影像軟體中才有的濾鏡效果、3D 動畫的轉場效果、製作視訊檔案、多媒體影音編輯功能、透過「雲端技術」讓您隨處編輯簡報⋯等。您將發現：使用 PowerPoint 可以最高效率與最簡化的方式，輕輕鬆鬆地製作出具備影音特效又美輪美奐的簡報！

認識操作環境

從 PowerPoint 2016 開始的使用者介面就是「以結果為導向」的設計，可以讓常用及需要使用的功能自動展現，功能套用可即時預覽，加上豐富的圖庫和影像效果，搭配視覺化的操作方式，讓人可以直覺的使用。下圖為視窗介面的基本介紹。

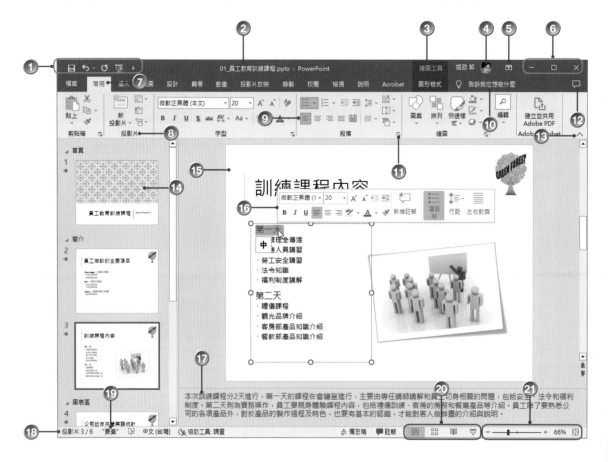

① 快速存取工具列　　　⑧ 功能區群組　　　　⑮ 簡報編輯區

② 標題列　　　　　　　⑨ 功能區指令　　　　⑯ 迷你工具列

③ 關聯式索引標籤　　　⑩ PowerPoint 操作說明搜尋　⑰ 備忘稿編輯區

④ Microsoft 帳戶登入　⑪ 對話方塊啟動器鈕　⑱ 狀態列

⑤ 功能區顯示選項　　　⑫ 共用鈕　　　　　　⑲ 套用的佈景主題

⑥ 視窗控制鈕　　　　　⑬ 摺疊功能區　　　　⑳ 檢視模式切換鈕

⑦ 功能區索引標籤　　　⑭ 標準模式的投影片縮圖　㉑ 調整顯示比例

● 功能區的使用

　　功能區 預設會位於工作區域的頂端位置，當您以滑鼠點選 功能區 各索引標籤名稱後，即會自動切換顯示不同的功能區，同時顯示各種功能區群組的指令。除了常駐在功能區上的索引標籤外，也會隨著不同的編輯狀態，出現對應的 關聯式索引標籤。例如點選圖表物件時，會出現 圖表工具 的關聯式索引標籤。快按二下索引標籤或是按下 摺疊功能區 鈕，可以將功能區的內容折疊，以便顯示更多的編輯空間，可再以相同的操作將其展開。

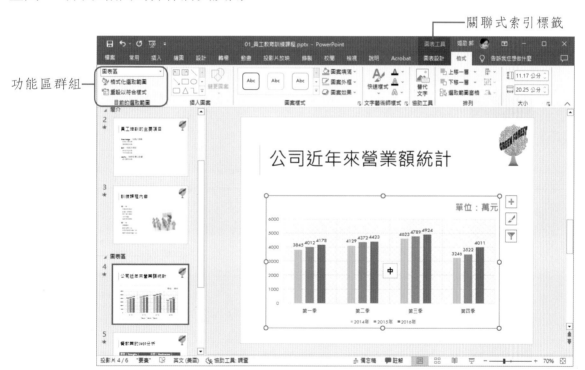

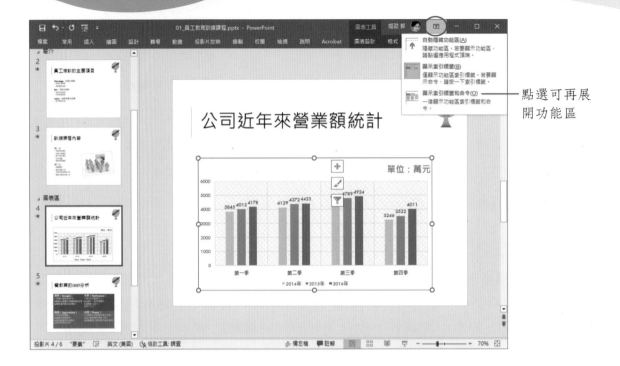

點選可再展
開功能區

● 檔案索引標籤

「檔案」索引標籤可以儲存、開啟、新增、列印、共用及匯出簡報，檢視檔案和使用者帳戶資訊，以及進行與應用程式使用環境有關的設定（選項 指令），點選返回 鈕即可離開。

點選可返回

在 PowerPoint 中可以儲存的 檔案類型 很多，簡報的預設格式為「*.pptx」，其中的「x」代表 XML，是一種經過壓縮的格式，可以減少檔案的大小，並使被破壞的檔案輕易的復原。您也可以另存為「PowerPoint 97-2003 簡報」格式（*.ppt）、範本檔（*.potx）、播放檔（*.ppsx）、PDF、GIF 或 JPEG 等格式。

● 快速存取工具列

　　快速存取工具列 一般位於 功能區 的上方，您可以變更此工具列的位置到功能區的下方，預設會將常用的功能區指令放置在此工具列中。點選 快速存取工具 下拉式清單按鈕，可從清單中點選要顯示的預設工具，再點選一次則隱藏工具。

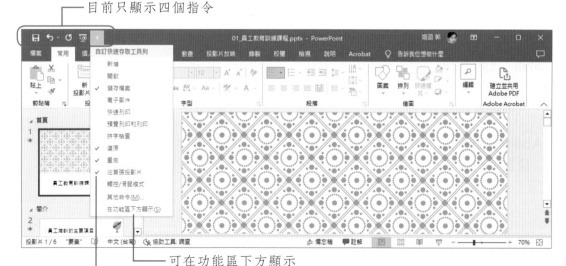

目前只顯示四個指令

可在功能區下方顯示

呈勾選者表示已顯示在快速存取工具列上

● 迷你工具列

Microsoft Office 為了讓使用者能更迅速的下達指令，以便執行相關作業，提供了 迷你工具列（又稱 浮動工具列）、快速鍵 與 快顯功能表 等功能供您選用。在 PowerPoint 中選取了某一文字範圍時，選取範圍上方就會立即浮現 迷你工具列，讓您快速設定文字的樣式與格式。

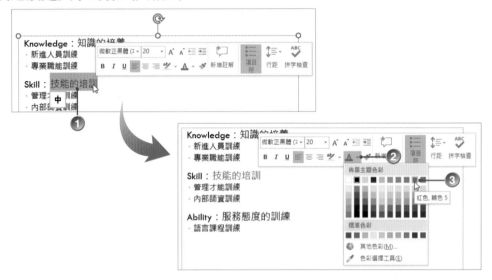

快速鍵 的使用需要記下相關的按鍵代號；而 快顯功能表 則僅需使用滑鼠右鍵點選目標物件，即可執行與選取物件相關的指令，不同的選取物件所呈現的快顯功能表內容也會有差異。

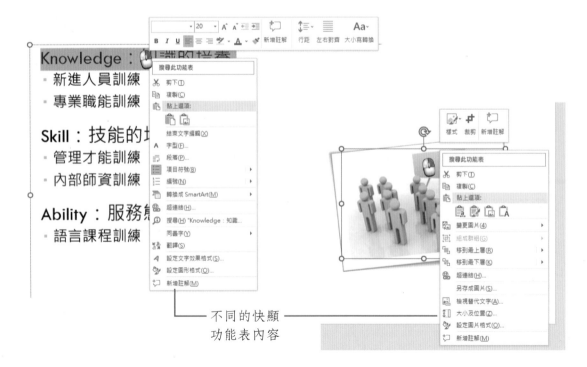

不同的快顯
功能表內容

投影片的檢視模式

在 PowerPoint 中製作簡報時，除了一般的編輯簡報內容外，為了檢視動畫特效或有效率的進行各種設定，會以不同的檢視模式切換。透過 檢視 標籤的 簡報檢視 群組，或直接點選 狀態列 的 檢視模式 按鈕即可切換。主要的檢視模式有以下幾種：

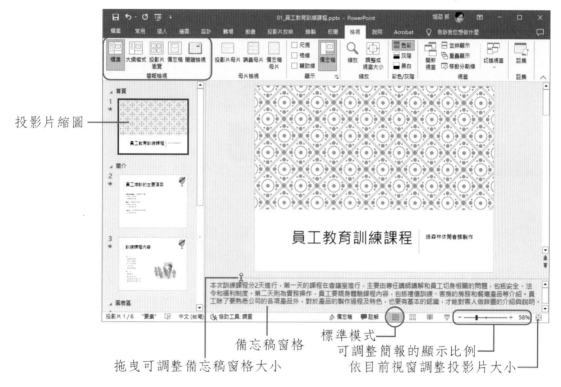

投影片縮圖

備忘稿窗格
拖曳可調整備忘稿窗格大小

標準模式
可調整簡報的顯示比例
依目前視窗調整投影片大小

❖ 標準模式：這是預設的模式，所有的編輯動作都可以在此模式下執行。

❖ 大綱模式：大綱 模式可方便您撰寫及規劃簡報內容的結構。

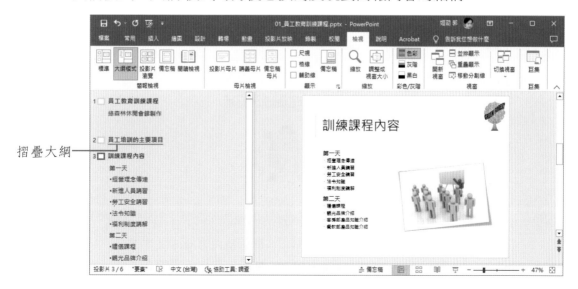

摺疊大綱

❖ 投影片瀏覽：可將所有投影片以縮圖顯示，您可以綜覽全部簡報內容，輕鬆的增、刪或重新組織投影片，但無法編輯投影片的內容，在投影片的縮圖上快按二下，即可切換到 標準模式 執行編輯作業。

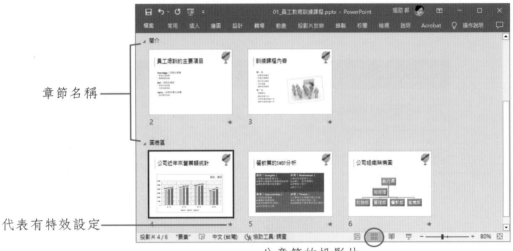

章節名稱

代表有特效設定

分章節的投影片

❖ 備忘稿：提供簡報者註記簡報時的重點，您可以在其中加入此張投影片的相關說明，以作為簡報者進行簡報時的參考，或是列印出來作為觀眾手邊的筆記。此部分不會出現在播放過程中，也可以在 標準檢視 的下方窗格中顯示，備忘稿內容除了文字外，也可以是圖片等物件。

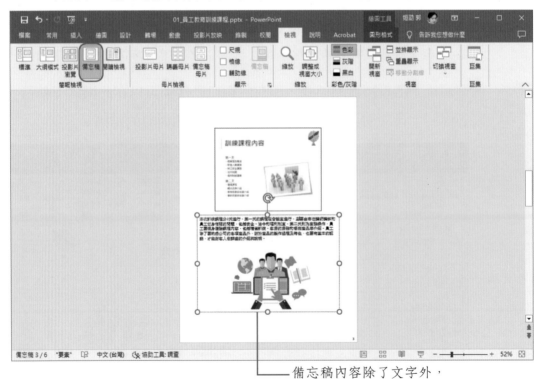

備忘稿內容除了文字外，
也可以是圖片等物件。

❖ 閱讀檢視：可以非全螢幕的方式檢視簡報，包括動畫效果、轉場切換、音效和視訊…等皆可於此模式預覽，包含了簡單的控制項，可以讓簡報很容易檢閱的一種模式，按 Esc 鍵可回到原檢視模式。

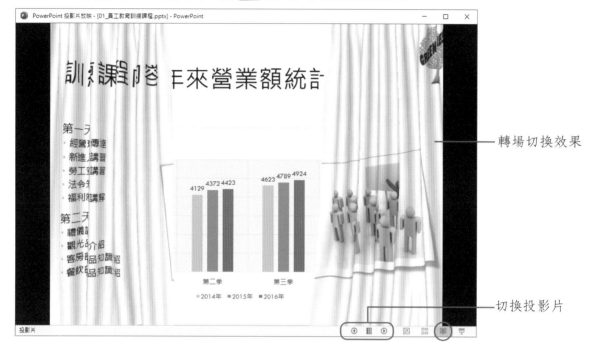

轉場切換效果

切換投影片

❖ 投影片放映：將簡報內容以全螢幕方式播放，並顯示所有的動畫特效與切換效果，在放映過程中，可以 畫筆 加入 螢幕註解。

❖ 母片檢視：可進入儲存各種簡報資訊的主要投影片，包括色彩、字型、背景、版面配置等，是可以讓您有效率地改造投影片的一種模式。

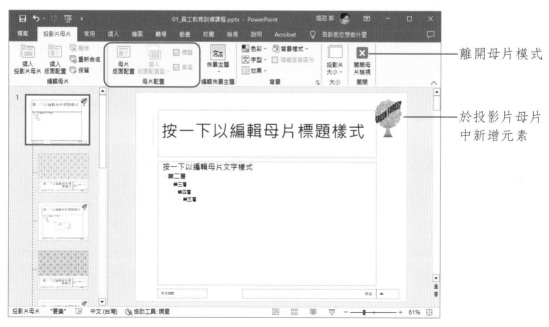

離開母片模式

於投影片母片中新增元素

認識版面配置與位置框

PowerPoint 提供了許多不同的版面配置，當您新增投影片並選擇一種自動版面配置後，這些配置中會包含很多預設的「位置框」，這些「位置框」可用於輸入 標題、副標題、清單項目，或是插入 美工圖案、統計圖表…等，它們也會隨著簡報所套用的範本和佈景主題的不同而異。投影片內容完成後，如果改用不同的版面配置，投影片上物件的位置就會隨著新版面配置設定而自動調整。

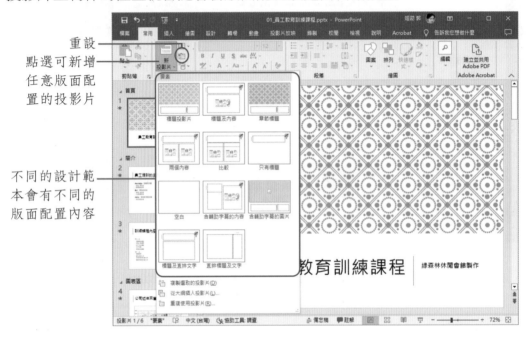

重設

點選可新增任意版面配置的投影片

不同的設計範本會有不同的版面配置內容

版面配置中的每個 位置框 均有中文的提示文字，例如：按一下以新增標題 或按一下以新增文字，只要在對應的 位置框 中按一下（或點兩下），即進入輸入模式，使用者只要依照提示操作，即可輕輕鬆鬆完成簡報內容。

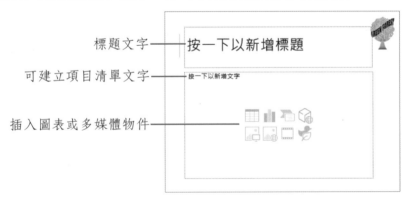

標題文字

可建立項目清單文字

插入圖表或多媒體物件

小叮嚀

當您刪除了 位置框 或改變其位置或格式後，若要恢復為預設配置的 位置框，只要執行 常用 > 投影片 > 重設 指令即可。

編輯投影片

　　啟動 PowerPoint 並新增空白簡報後，執行 常用 > 投影片 > 新投影片 指令（快速鍵為 Ctrl + M）會新增一「標題及內容」版面配置的投影片。若展開 新投影片 指令則可以選擇所需的版面配置來新增。點選投影片縮圖後，再執行 新投影片 指令，新增的投影片會位在選取投影片的後面，按 Delete 鍵則可刪除選取的投影片。

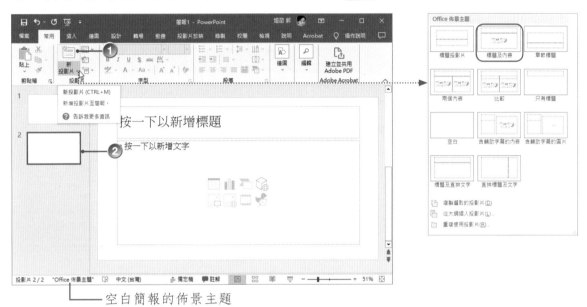

空白簡報的佈景主題

　　若想新增一張和原投影片內容相同或類似的投影片，可以在要複製的投影片縮圖上按右鍵選擇 複製投影片 指令，此時原投影片下方會產生一張相同內容的投影片，您可再視狀況修改內容。

投影片的增刪或搬移作業可以在 投影片瀏覽 模式下進行。

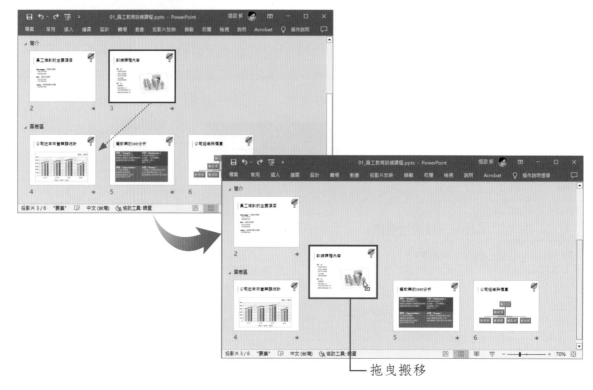

拖曳搬移

● 分章節

「投影片章節」具有組織投影片的功能，就像使用資料夾整理檔案一樣，方便您在內容龐大的簡報中快速瀏覽並尋找簡報。

01 在要新增章節的投影片上按右鍵選擇 新增節 指令，或點選 常用 > 投影片 > 章節 > 新增節 指令。

02 出現 重新命名章節 對話方塊，輸入名稱，按【重新命名】鈕。

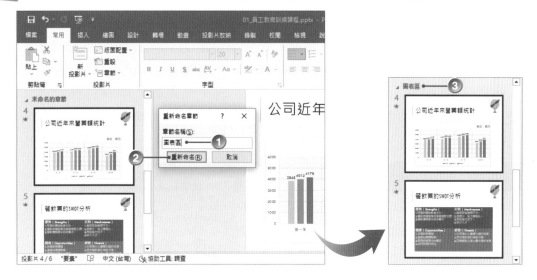

03 投影片的章節可以藉由按滑鼠右鍵的方式，進行上、下移動或移除；點選章節符號可摺疊或展開內容。

點選可摺疊 ──

章節已摺疊 ──

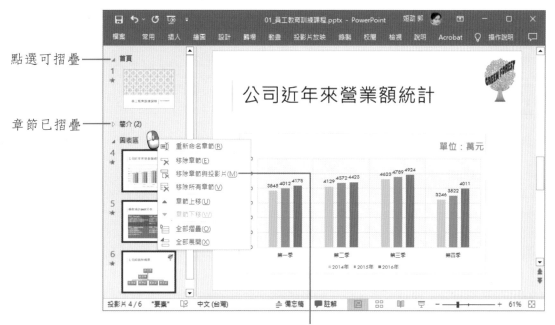

會移除章節和投影片

物件的基本編輯

　　PowerPoint 中的簡報內容是以「物件」為導向，投影片上的物件種類很多，要進行編輯工作之前，可以先用滑鼠點選或拖曳框選的方式，選取所要編輯的物件，按住 Shift 或 Ctrl 鍵點選可以複選。PowerPoint 中的物件可以是文字、圖形、美工圖案、圖片、3D 模型、組織圖、視訊或音訊…等，當投影片中有許多物件，且物件間彼此還重疊時，選取範圍窗格 指令可以協助您輕鬆的管理投影片上的所有物件；執行 常用 > 編輯 > 選取 > 選取範圍窗格 指令，也可開啟 選取範圍 工作窗格。

被選取的物件名稱會呈現反白

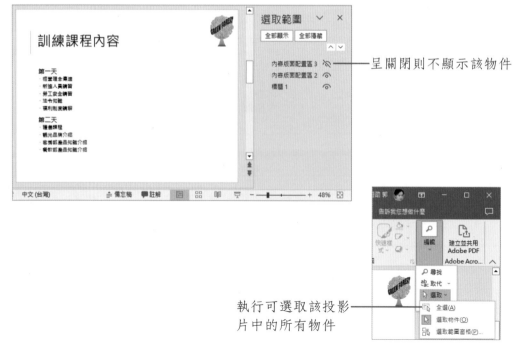

呈關閉則不顯示該物件

執行可選取該投影片中的所有物件

透過 圖片工具 或 繪圖工具 > 圖形格式 > 排列 功能群組中的指令，可以進行物件間的對齊、群組與排序等作業。

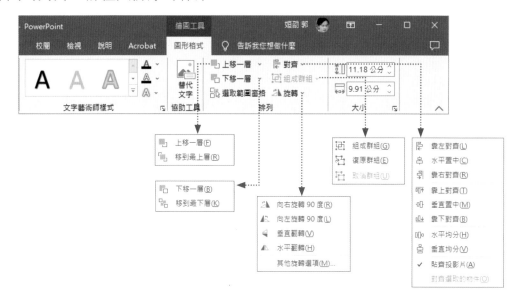

簡報設計的技巧與建議

在工商業發達的時代，不論是個人或企業都講求精準和有效率的決策，資訊的充分溝通與良好的交流是獲得成功不可缺少的條件之一；如何在有限的時間內，利用簡報說服老闆或吸引客戶，已成為企業經營者最重要的課題。不過，不當的使用 PowerPoint 也會產生許多問題，甚至造成溝通上的反效果，例如：太著重於簡報的設計與特效，會轉移聽眾甚至演講者本身的注意力，喧賓奪主反而失去簡報內容的焦點，這是製作簡報時要特別注意避免的。

如何讓簡報看起來更專業、吸引人而達到簡報的目的，是需要經過實作、不斷排練和一再調整的反覆過程。專家們綜整出以下的規則與技巧，可以作為您製作簡報時的參考：

● 版面的有效利用

透過適當的文字大小、字型或色彩來區分標題和內文，並將重要資訊放置在正確的位置，以引導觀眾將目光集中在您所要傳達的重點內容上。

● 不要使用冗長的文句

「簡」報是要以簡化的字句來表達主要的概念，而不是完整的構思，重點在於觀眾聆聽主講者的說明，而不是去讀投影片中冗長的訊息，建議將核心資訊以關鍵字詞來敘述。

● 投影中保持留白空間

不要在一張投影片中塞滿太多細節或想法，導致觀眾找不到重點，在投影片中保留大部份的空白區域，可以讓觀眾更加專注於重點內容，專家建議在每張投影片中最多只傳達六個重點。

● 盡量使用簡單的色彩

可以用深色文字搭配淺色背景（或是反過來），避免太亮色彩的文字使觀眾眼睛疲勞，太多色彩或強烈的漸層則會導致文字難以閱讀。使用代表公司企業的品牌色系是一個不錯的選擇，可增加識別度並符合公司的形象與風格。

● 使用一致的字型和大小

建議只使用一種字型或最多兩種，最好選擇容易在螢幕上閱讀的字型，並確認該字型契合於簡報的特性與目的。字型大小建議不要小於 30 點，以確保文字的可讀性。

● 避免套用太多文字樣式

最容易提高注意力的有效方式是：粗體、斜體和色彩變化，但太多的樣式反而讓投影片雜亂而失焦。

● 可以畫龍點睛的影像

選擇適當的影像可以替簡報加分，有時候再多的說明也比不上一張影像更具有說服力。挑選和簡報主題相關、真實或具啟發性的圖片，可以正確的轉達主題訊息外，還能引起觀眾共鳴。

讓簡報改頭換面的神奇魔法

☆ 插入套用標題樣式的段落

☆ 變更投影片大小

☆ 套用佈景主題並改變色彩配置

☆ 使用文字藝術師樣式

☆ 插入文字方塊

☆ 套用段落編號

☆ 螢幕擷取畫面

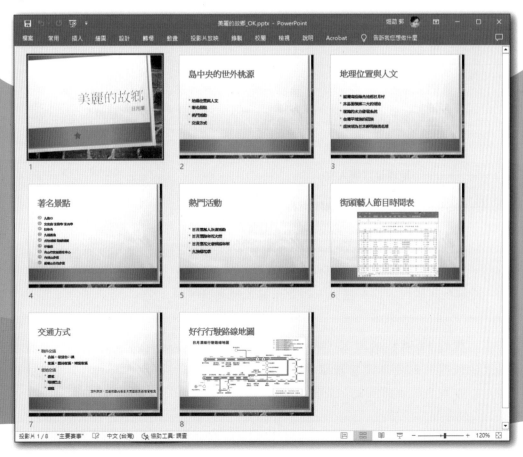

如何做簡報可以最省時省力？我們可以先將簡報的文字內容搜集並整理後儲存在文書處理軟體（例如：Word），並組織好結構，就可以直接匯入到新簡報中，輕鬆完成簡報文字的建立，接著再套用佈景主題，加入其他簡報元素（圖片、圖案或多媒體等），就可快速完成簡報內容。

插入套用標題樣式的段落

為了讓簡報內容的製作更有效率，在 Word 文件中可以先進行前置作業的處理，將需要匯入簡報的段落套用內建的標題樣式，讓系統判斷哪些內容要匯入 PowerPoint，並自動產生投影片來放置內容。

01 先於 Word 開啟範例「美麗的故鄉 .docx」，檢視一下內容，本例中已將要匯入簡報的段落套用內建的標題樣式。

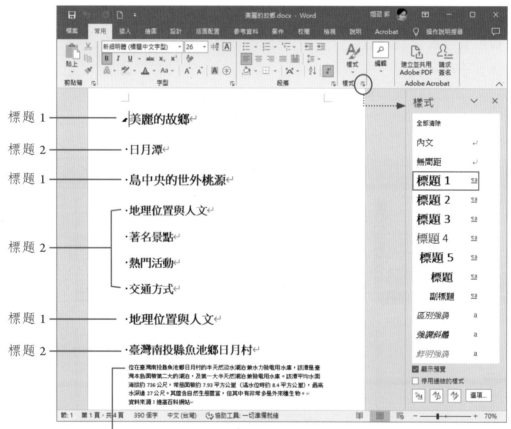

這個段落的內容不要匯入，因此未套用標題樣式

小叮嚀

套用「標題 1」樣式的段落，會成為新投影片中的投影片標題；套用「標題 2」樣式的段落，則成為項目清單中本文的第一層內容；套用「標題 3」樣式的段落，則成為項目清單中本文的第二層內容，以此類推。

02 關閉文件，開啟 PowerPoint 新增一份空白簡報，再執行 常用 > 投影片 > 新
投影片 > 從大綱插入投影片 指令。

03 開啟 插入大綱 對話方塊，選取範例資料中的文字檔「美麗的故鄉 .docx」，
按【插入】鈕。

04 文字檔會從第 2 張投影片開始插入，將第 1 張投影片選取後按 Delete 鍵刪除。

按 Delete 鍵刪除

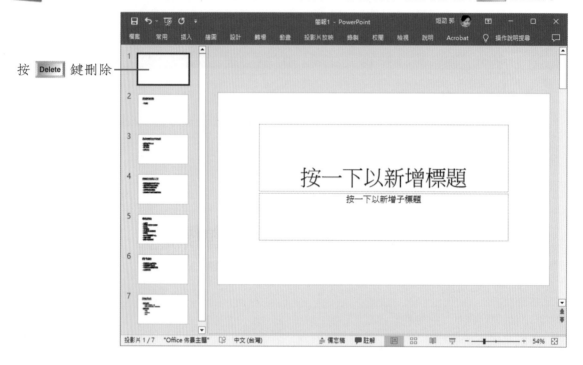

05 將首張投影片的 版面配置 改為「標題投影片」。

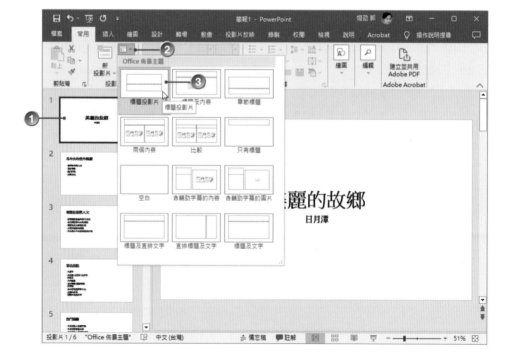

06 切換到 投影片瀏覽模式，可清楚看到簡報內容自動產生適當的投影片張數。

變更投影片大小

產生空白簡報時，預設的投影片大小為「16:9」的「寬螢幕」尺寸，視需要可以改為「4:3」的「標準」大小。

01 切換到 設計 索引標籤，執行 自訂 > 投影片大小，改選擇 標準（4:3）。

02 選擇 確保最適大小。

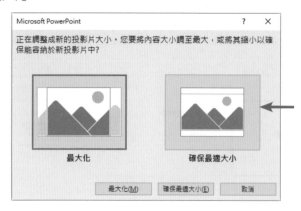

套用佈景主題並改變色彩配置

改變投影片外觀最快的方式，就是變更所套用的佈景主題或色彩配置，同一份簡報中的不同投影片，可套用不同的佈景主題或色彩配置，讓簡報更有變化。

01 仍在 設計 索引標籤，從 佈景主題 的下拉式清單中套用任一種內建的 佈景主題。

已改為「標準（4:3）」的投影片大小

02 若要單獨變更某張投影片的佈景主題，可在佈景主題上按右鍵選擇 套用至選定的投影片 指令。

└─ 同一份簡報中的投影片可套用不同的佈景主題

03 可從 變化 區域中選擇預設的顏色變更，或展開 其他 ⊡ 鈕，從 色彩 下拉式清單中選擇一種色彩配置來變更。

使用文字藝術師樣式

文字的格式除了可以透過 常用 > 字型 或 段落 群組中的指令來設定外，使用 繪圖工具 > 圖形格式 標籤中的指令，可以讓文字有更多的變化。

01 選取標題投影片的整個標題文字方塊，點選 繪圖工具 > 圖形格式 > 文字藝術師樣式 > 快速樣式 指令，從清單中選取一種樣式套用。

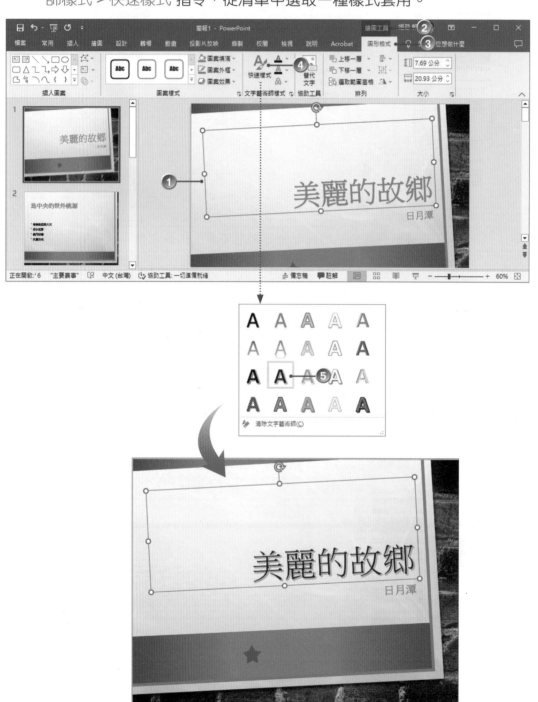

02 可繼續點選 繪圖工具 > 圖形格式 > 文字藝術師樣式 > 文字效果 > 光暈 指令，選擇一種光暈變化套用。

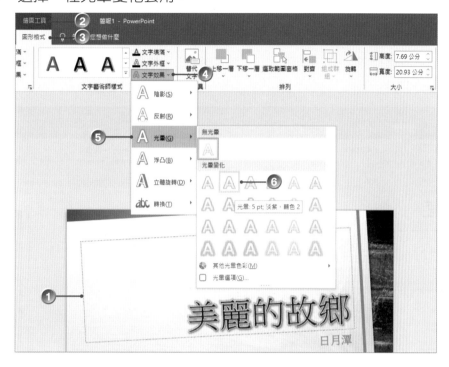

03 重複上述步驟，將每張投影片的文字段落套用 文字藝術師樣式 或 常用 > 字型 群組中的格式。

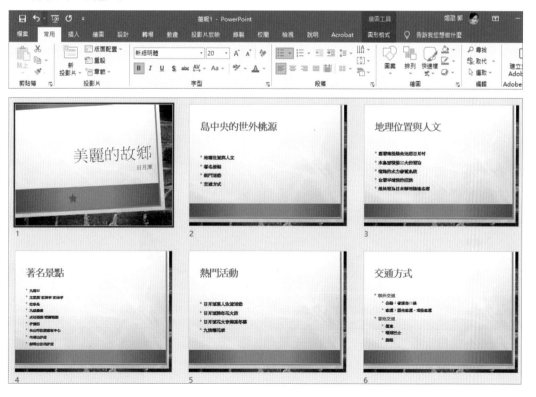

插入文字方塊

除了在版面配置框中輸入文字內容外，您也可以在投影片的其他位置產生文字內容。

01 點選第 6 張投影片，切換到 插入 索引標籤，執行 文字 > 文字方塊 > 繪製水平文字方塊 指令。

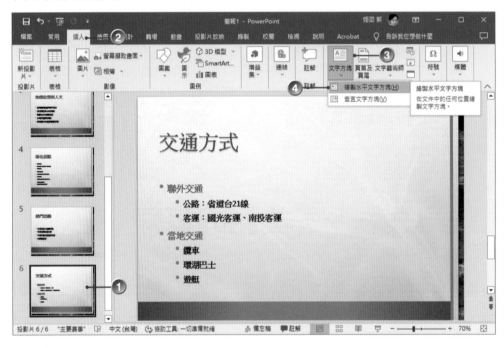

02 在要產生文字的位置，拖曳產生文字方塊，放開滑鼠後，開始鍵入文字內容。

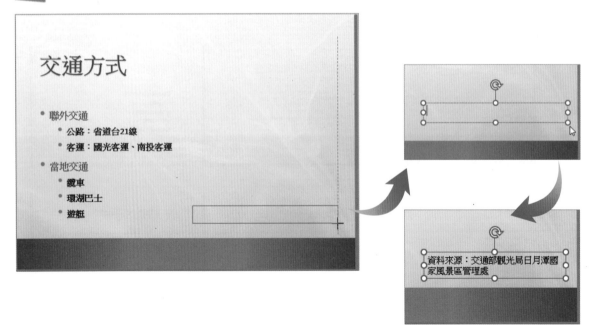

03 切換到 常用 索引標籤，點選 繪圖 區域的 設定圖形格式 ⬚ 鈕，展開工作窗格，切換到 大小與屬性 選項，取消 圖案的文字自動換行 核取方塊。

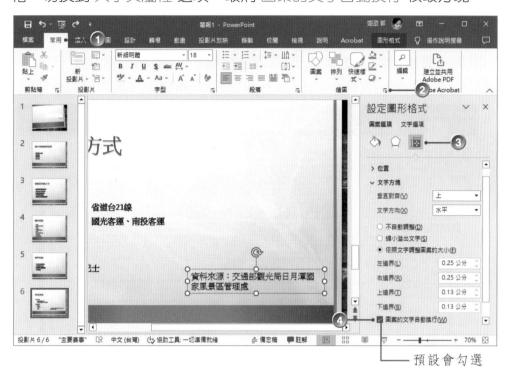

　　　　　　　　　　　　　　　　　　　　　　　　└── 預設會勾選

04 再點選文字方塊的外框，將文字大小設為「16」，然後移動文字方塊到適當的位置。

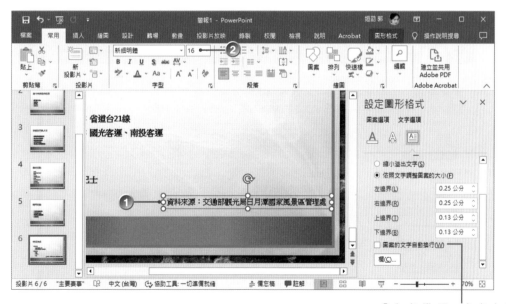

　　　　　　　　　　　　　　　　　　　「文字選項 > 文字方塊」
　　　　　　　　　　　　　　　　　　　屬性中也有此選項

套用段落編號

　　將段落內容項目套用 編號 或 項目符號，可以增加內容的可讀性。一般在套用佈景主題時，段落項目會有預設的 項目符號 或 編號，可再視需要進行變更。

01　點選第 4 張投影片，切換到 常用 索引標籤，內容的位置框中已套用預設的項目符號，點選位置框，從 段落 > 項目符號 清單中可變更符號樣式。

02　從 段落 > 編號 下拉式清單中選擇一種格式套用。

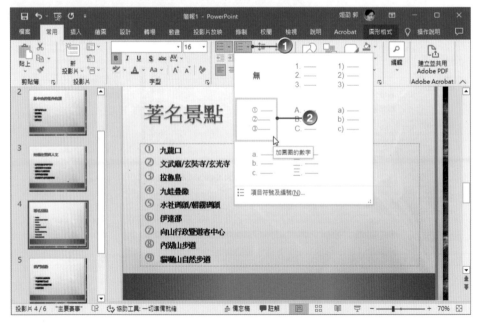

螢幕擷取畫面

　　螢幕擷取畫面 功能可以讓您從現有螢幕的視窗畫面，將所需的內容快速擷取到簡報中。

01 先將包含該內容的程式視窗開啟並顯示在 桌面，例如：Microsoft Edge 和 Excel，並將視窗畫面調整好（不可最小化）。

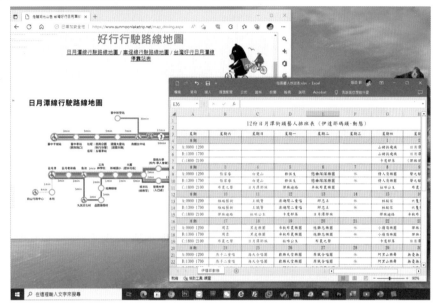

02 切回 PowerPoint 中，新增 2 張投影片，再點選要插入畫面的投影片，執行 插入 > 影像 > 螢幕擷取畫面 指令，於展開的清單中點選所需的視窗畫面縮圖，例如選取 Excel 視窗。

新增 6 和 8 這二張投影片

03 所選的視窗畫面立即貼入投影片的中央位置，可再視狀況調整大小和位置。

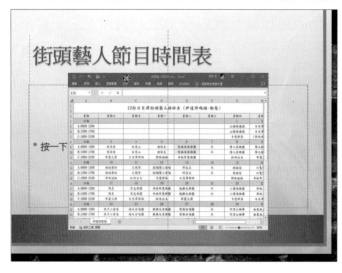

04 若是要擷取某視窗畫面的部分內容，請先將該視窗畫面顯示在最上層（例如：Microsoft Edge），再切回 PowerPoint 中執行 插入 > 影像 > 螢幕擷取畫面 > 畫面剪輯 指令。

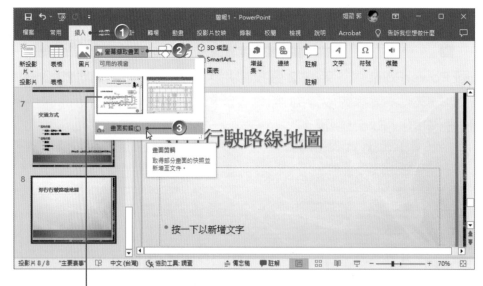

Microsoft Edge 排在首位，
代表視窗位在最上層

05 此時 PowerPoint 會自動跳到背景後，當畫面呈淡化現象時，以滑鼠在目標視窗拖曳所需範圍。

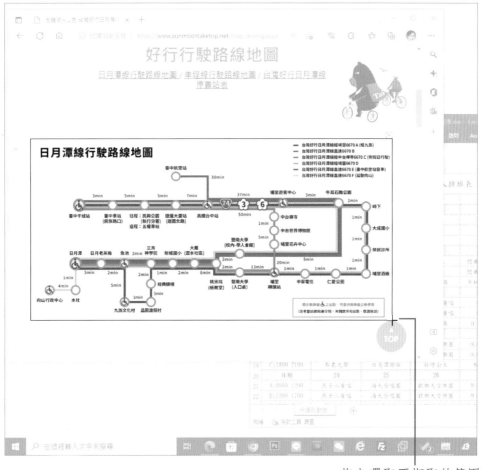

拖曳選取要擷取的範圍

06 放開滑鼠後即可貼入投影片中。

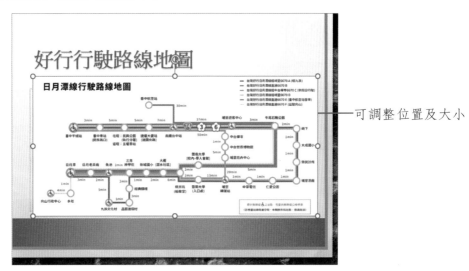

可調整位置及大小

課後練習

利用「習題」資料夾中的 Word 文字檔「02_課程大綱.docx」，將文字檔匯入到簡報中，變更版面配置及投影片大小，再套用佈景主題、變更色彩配置及文字藝術師，完成如下圖所示的簡報。

Check

Chapter

3

製作班級簡報

☆ 套用設計範本

☆ 調整行距

☆ 插入圖片與設定圖片格式

☆ 裁剪圖片

☆ 插入與格式化表格

☆ 插入圖示

☆ 儲存簡報

　　想要在最短的時間內完成美觀實用的簡報，可以套用 Office 提供的設計範本。套用這些設計範本除了有專業設計的背景圖案外，通常也會有現成的多張投影片內容，只要變換位置框中的內容、增減或改變投影片的順序，就可輕鬆又快速的完成所需的簡報。本單元就讓我們藉由製作班級簡報，學習如何在 PowerPoint 中使用設計範本，並產生文字以外的元素。

套用設計範本

01 啟動 PowerPoint 後，在 開始 畫面點選 新增，在 搜尋 欄鍵入關鍵字「簡介」，按 開始搜尋 鈕。

02 瀏覽並點選要使用的範本，再按【建立】鈕。

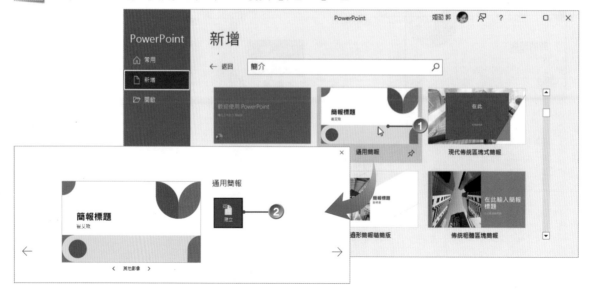

03 產生新簡報並自動新增 15 張投影片，切換到 投影片瀏覽 模式，按住 Ctrl 鍵點選不需要的投影片縮圖後，按 Delete 鍵刪除。

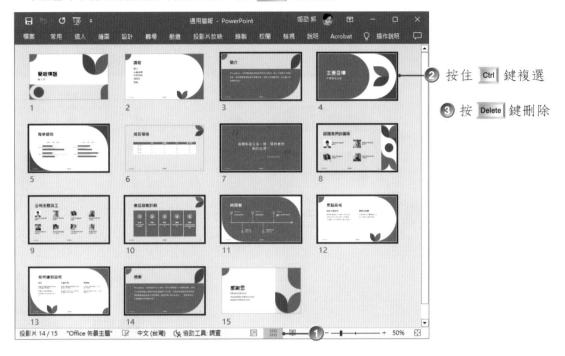

2 按住 Ctrl 鍵複選

3 按 Delete 鍵刪除

04 快按二下第一張投影片縮圖，反白選取標題及副標題的並修改內容。

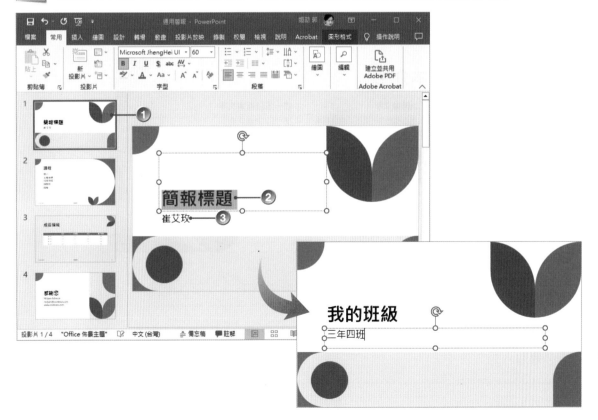

調整行距
....

01 點選第 2 張投影片,從 常用 > 投影片 > 版面配置 清單中改選「2 標題及內容」的版面配置。

02 修改標題及項目文字內容。

小叮嚀

可開啟範例資料夾中的文件檔案「班級介紹.docx」,複製文件中的文字範圍,再貼入投影片中。

03 選取項目文字的位置框，執行 常用 > 段落 > 行距 指令，從清單中改選「1.5」。

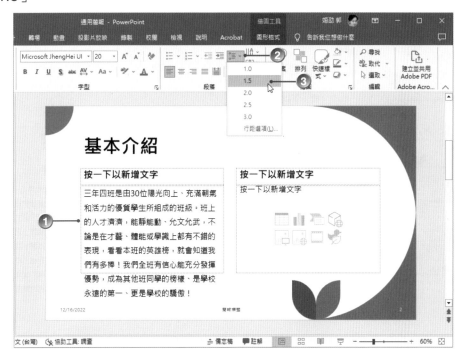

04 位置框左下角出現 自動調整選項 鈕，並自動將文字大小縮小以符合位置框的尺寸。

05 若不想改變文字大小，請點選 自動調整選項 鈕展開清單，改選 停止調整文字到版面配置區 選項。

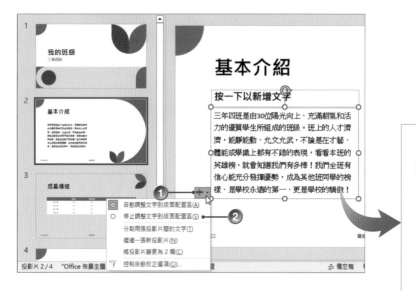

插入圖片與設定圖片格式

01 點選右側位置框中的 圖片 鈕。

小叮嚀

投影片中預設位置框內的提示文字（例如：按一下以新增文字），這些未輸入文字的提示內容，不會出現在列印或簡報播放中。

02 插入範例資料夾中的圖片「全班照 .jpg」，按【插入】鈕。

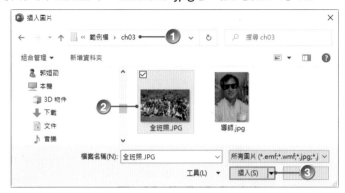

03 點選圖片，點選 圖片工具 > 圖片格式 > 圖片樣式 的 其他 鈕，從展開的清
單中選擇「透視圖陰影, 白色」。

裁剪圖片

01 目前仍位在第 2 張投影片，執行 常用 > 投影片 > 新投影片 指令，在第 2 張投影片後新增一張相同配置的投影片。

02 輸入標題及項目文字內容，並調整項目文字的行距為「1.5」；再於右側位置框點選 圖片 鈕。

03 插入範例資料夾中的圖片「導師 .jpg」。

04 點選 圖片工具 > 圖片格式 > 大小 > 裁剪 > 裁剪成圖形 指令，從清單中選擇一種形狀，例如：橢圓。

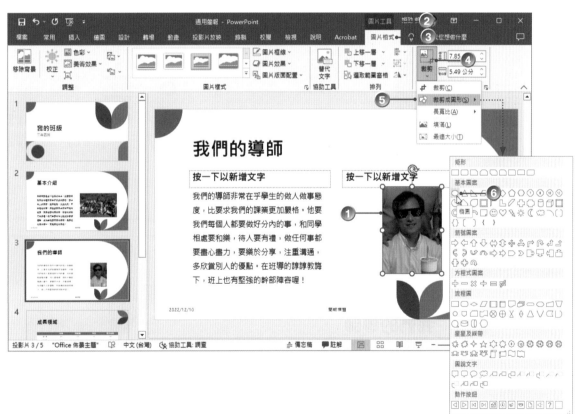

05 點選 設定圖片格式 ▧ 鈕展開工作窗格，切換到 填滿與線條，再展開 線條 選項，選擇 實心線條，指定 色彩、寬度 與 複合類型。

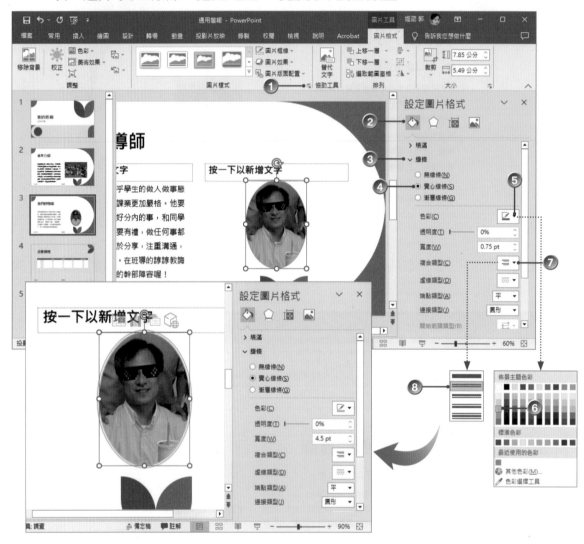

06 設定完畢關閉 設定圖片格式 工作窗格。

插入與格式化表格

01 點選第 4 張投影片縮圖，反白選取標題內容，修改為「本班英雄榜」，再將下方的表格選取後刪除。

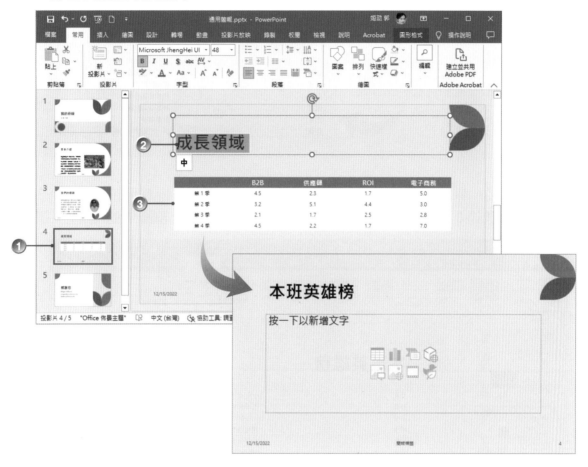

02 在位置框中點選 插入表格 鈕，接著輸入 欄數 為「2」、列數 為「8」，按【確定】鈕。

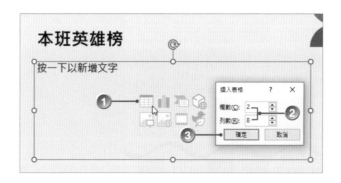

03 分別點選表格的第 1 欄和第 2 欄，以向下鍵 ↓ 往下在每個儲存格中，依序輸入如圖中的文字內容。

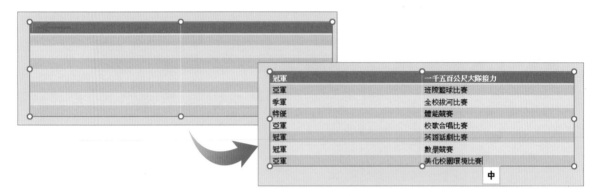

04 在 表格工具 > 表格設計 > 表格樣式 功能區點選 其他 ▾ 下拉式選單，選擇「淺色樣式 3 - 輔色 5」的樣式，再取消 表格樣式選項 群組中的 標題列 選項。

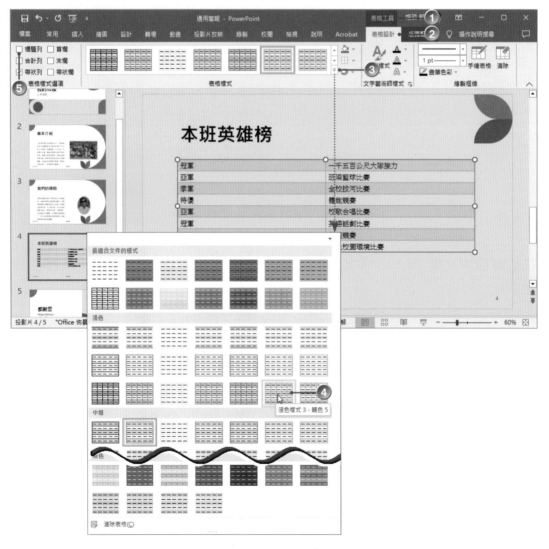

05 拖曳第 1 欄右側的欄框線，調整欄位寬度。

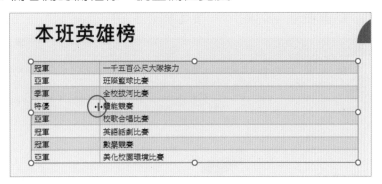

插入圖示

01 點選第 5 張投影片縮圖，反白選取文字範圍，修改標題及項目清單的內容，
如下圖所示。

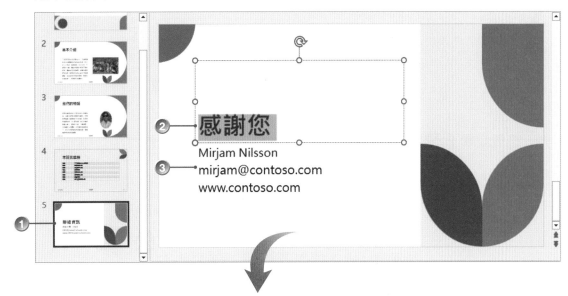

02 執行 插入 > 圖例 > 圖示 指令，開啟 插入圖示 視窗，在 搜尋 欄位鍵入關鍵字「電話」，點選要使用的圖示，按【插入】鈕。

03 重複步驟 2，搜尋關鍵字「信」、「地球」，找到要使用的圖示並插入。

04 圖示插入後，選取圖示並移動到文字項目前方。

移動時會出現輔
助線幫助對齊

05 按住 Shift 或 Ctrl 鍵選取這三個圖示，在 圖形工具 > 圖形格式 > 大小 群組中
指定 高度 為「1 公分」，寬度 會自動改為「1 公分」。

預設值皆為 2.54 公分

06 重新調整圖示至適當位置。

儲存簡報

01 完成簡報後，按下 快速存取工具列 上的 儲存檔案 鈕。

02 輸入 檔案名稱，選擇儲存位置後按【儲存】鈕。

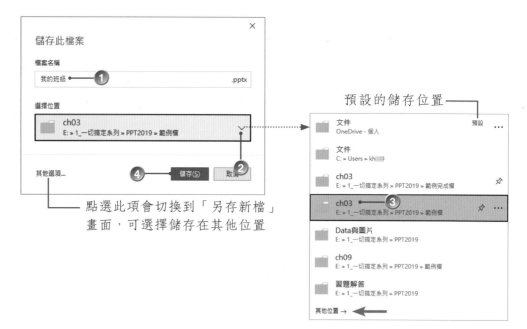

點選此項會切換到「另存新檔」
畫面，可選擇儲存在其他位置

預設的儲存位置

小叮嚀

若 選擇位置 清單中沒有要儲存的資料夾位置，可選擇 其他位置，此時會切換到
另存新檔 畫面，可以有更多選擇；或是按下 瀏覽，開啟 另存新檔 對話方塊，找
到您要儲存的資料夾進行儲存。

仿照本章的做法，套用一種簡報設計範本來製作介紹自己的簡報，簡報中需使用到以下元素：圖片、套用圖片樣式、剪裁圖片、表格、插入圖示，完成如下圖的簡報。

產業發展研究報告

Chapter 4

☆ 變更圖片

☆ 插入線上圖片

☆ 插入 SmartArt 智慧圖形

☆ 編修與美化階層圖

☆ 插入視訊

☆ 設定視訊的播放選項

☆ 修剪視訊

☆ 新增海報畫面

一份生動的簡報除了主體文字的內容很重要外，輔助配角同樣扮演吃重的角色，除了圖片外，表格、圖表、SmartArt 圖形…等，這些圖形物件的適時出現與點綴，可以讓簡報有畫龍點睛的效果，若再加上多媒體視訊影片，能讓您的專題簡報更有說服力。

變更圖片

套用簡報設計範本時，通常會有預設的圖片，為了更符合簡報主題，您可以將圖片快速的進行更換。

01 開啟範例檔案「全球寵物產業發展研究報告.pptx」，目前位在標題投影片，以右鍵點選左側的圖片，從快顯功能表中執行 變更圖片 > 此裝置 指令。

02 找到範例資料夾中的圖片「cover.jpg」，按【插入】鈕。

03 視需要可拖曳圖片上的 8 個控制點，調整大小。

旋轉控制點

插入線上圖片

　　點選「線上圖片」功能會開啟 Office 內建的「Bing 圖片搜尋」來尋找網路上高品質的多媒體圖片，或是從個人的 OneDrive（雲端硬碟）下載圖片到簡報中使用，而線上圖片的內容也會經常更新。除了從位置框中點選 線上圖片 鈕外，也可從 插入 功能表執行。

01 點選第 6 張投影片，執行 插入 > 影像 > 圖片 > 線上圖片 指令。

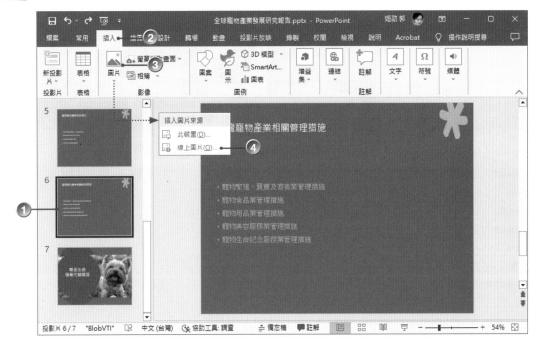

02 開啟 線上圖片 視窗，從下方點選分類圖示，或於 搜尋 Bing 方塊中鍵入關鍵字；本例中按下「貓」的分類圖示。

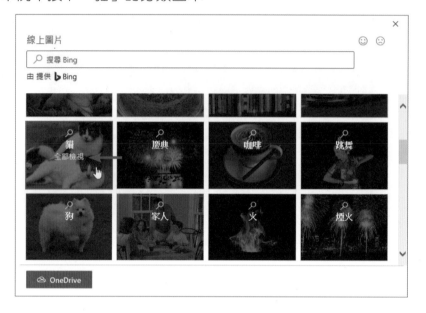

03 視窗中出現圖片清單，找到要使用的圖片並點選，按【插入】鈕。

可篩選

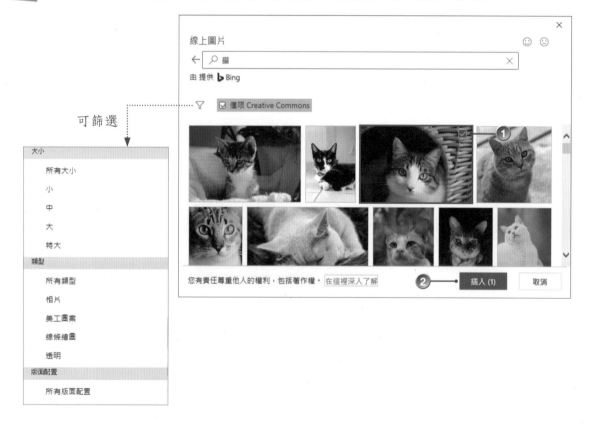

小叮嚀

● 插入線上圖片時，請尊重該圖片所有人的著作權，以免觸法。

● 如果您曾將圖片儲存在個人的 **OneDrive** 雲端空間，可點選視窗左下角的【OneDrive】鈕（參考步驟 2 的圖），找到要使用的圖片插入。

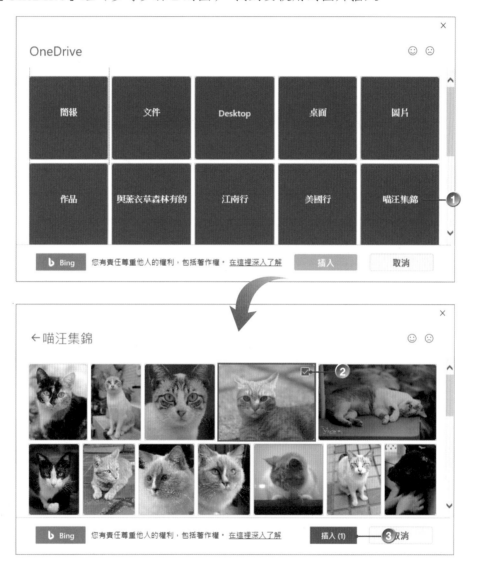

04 圖片會插入並放置在投影片中央，拖曳圖片角落的控制點調整大小，並移動到適當位置。

05 點選圖片，再切換到 圖片工具 > 圖片格式 索引標籤，從 圖片樣式 > 快速樣式 清單中選擇一種樣式套用。

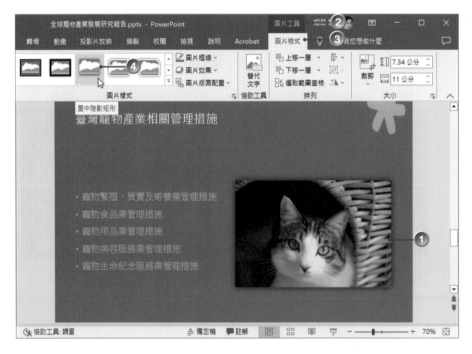

插入 SmartArt 智慧圖形

SmartArt 智慧圖形包括了：清單、流程圖、循環圖、階層圖、關聯圖、矩陣圖、金字塔圖等七種以非數字為基礎的概念性圖表，每一種圖形都有多種樣式可供選擇，還可以圖片來呈現，讓您輕輕鬆鬆就能完成資料型圖表的建立與編修。

01 點選第 3 張投影片，從版面配置框中點選 插入 SmartArt 圖形 鈕。

02 於 選擇 SmartArt 圖形 視窗中選擇 階層圖 標籤，再選擇一種類型，按【確定】鈕。

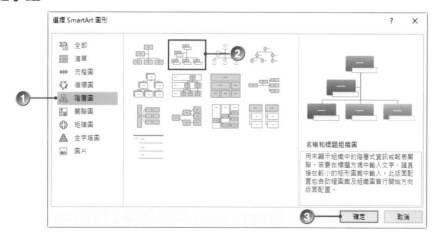

03 投影片中出現階層圖表的基本架構，SmartArt 工具 索引標籤也會自動出現。

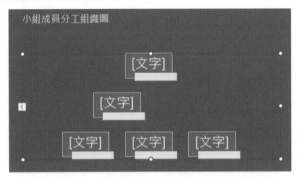

04 點選圖案後，可直接輸入文字內容，或點選 SmartArt 工具 > SmartArt 設計 > 建立圖形 > 文字窗格 指令，出現文字窗格輸入視窗，可編輯內容或增加文字。當輸入的內容較多時，文字會自動換行並調整大小；若要強迫換行，可按 Shift + Enter 鍵，輸入完成按 關閉 鈕離開。

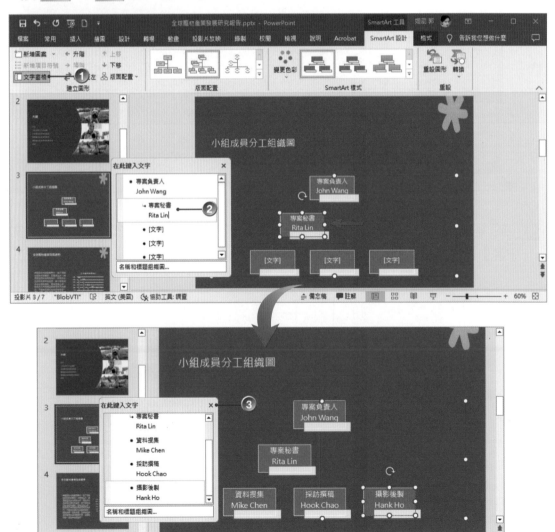

編修與美化階層圖

　　階層圖建立後可再視需要調整結構，執行時必須先選取目標圖案，再進行變更作業。

01 點選「資料搜集」圖案，執行 SmartArt 工具 > SmartArt 設計 > 建立圖形 > 新增圖案 > 新增後方圖案 指令。

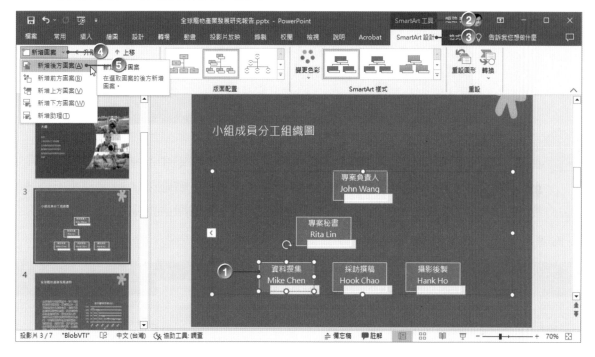

02 「資料搜集」圖案右方會新增一個圖案，可直接輸入內容。

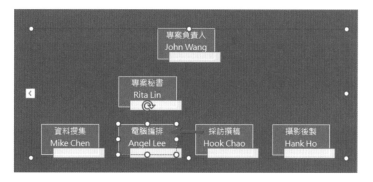

03 點選「採訪撰稿」圖案，執行 SmartArt 工具 > SmartArt 設計 > 建立圖形 > 新增圖案 > 新增下方圖案 指令二次，產生下一階的二個圖案，並輸入內容。

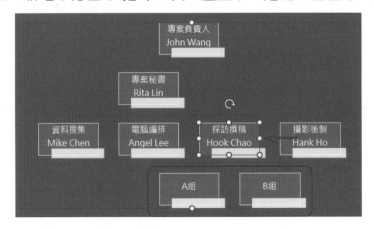

04 重複上述步驟新增其他組織圖案，利用 建立圖形 群組中的指令，執行圖案的升 / 降階或移動；若要刪除圖案，可點選後按 Delete 鍵刪除，階層圖會自動調整版面大小。點選 版面配置 指令可改變圖案分支的版面配置。

點選 從右至左 可將階層圖的版面配置改為由右至左

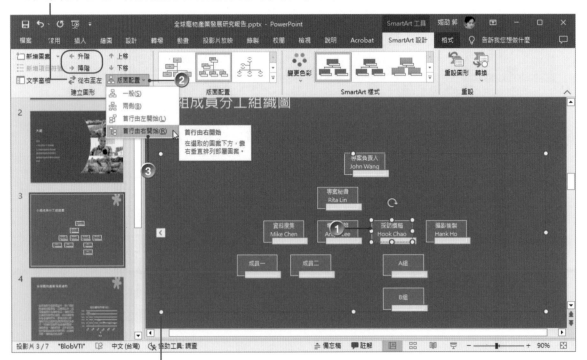

拖曳四周的控制點可以調整圖表大小

05 接著執行 SmartArt 工具 > SmartArt 設計 > SmartArt 樣式 群組中的指令，變更階層圖樣式與色彩。

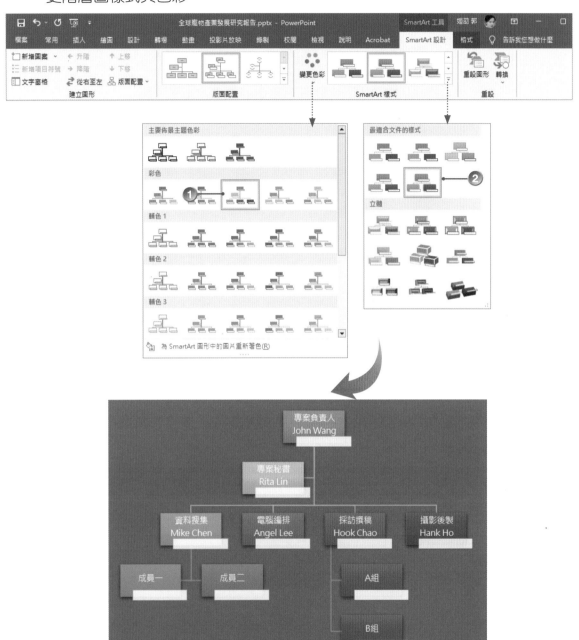

06 也可再透 版面配置 清單變更階層圖的版面配置。

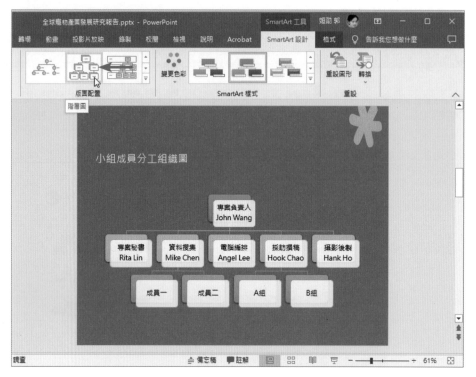

若要單獨變更圖案的色彩或文字格式，可選取圖案後透過 SmartArt 工具 > 格式 索引標籤中的指令來進行。

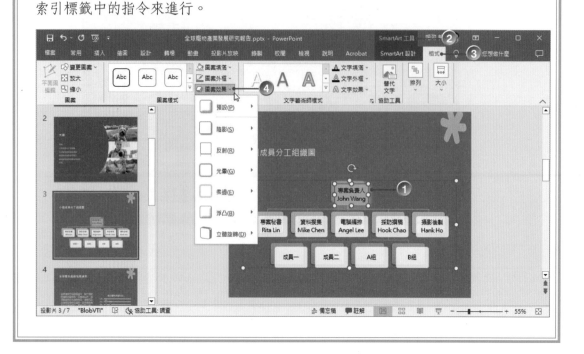

插入視訊

　　在 PowerPoint 中插入影片檔案的方式主要有二種：您可以從 線上視訊 中選取檔案後插入，或是從自行準備的影音檔案中選取後置入。

01 切換到第 5 張投影片，從版面配置框中點選 插入視訊，或點選 插入 > 媒體 > 視訊 > 此裝置 指令。

02 開啟 插入視訊 對話方塊，選取要插入的影片檔案，按【插入】鈕。

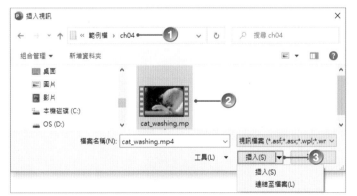

03 影片置入投影片中，可以像一般物件的處理方式調整大小和位置。點選 視訊
工具 > 播放 > 預覽 > 播放 指令，或按一下影片下方播放列中的 播放 ▶ 鈕，
即可開始播放。

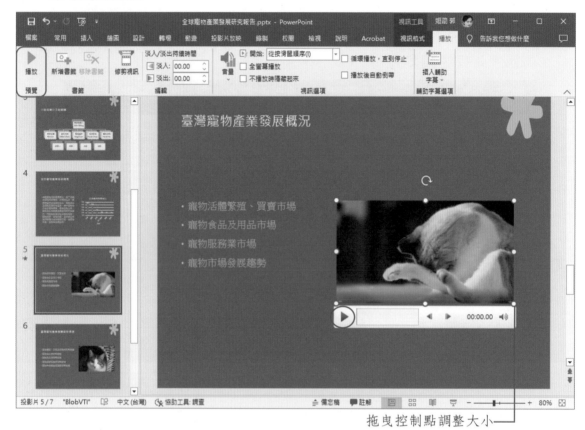

拖曳控制點調整大小

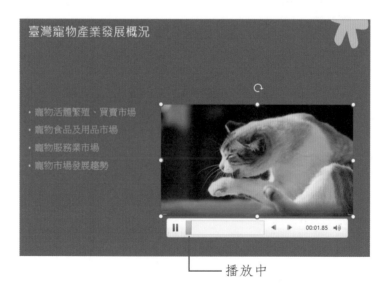

播放中

設定視訊的播放選項

在 視訊工具 > 播放 > 視訊選項 群組中，可設定視訊的播放方式、音量、是否全螢幕播放、不播放時要不要隱藏，以及是否循環播放…等，您可視簡報的播放需求來設定。影片的解析度若不高，不建議以全螢幕方式播放。音量的大小也可以直接由播放列來控制。

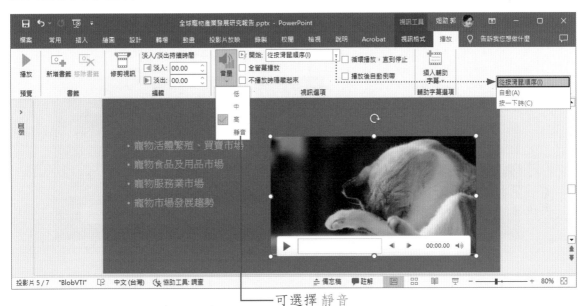

―― 可選擇 靜音

―― 也可從此處調整音量

小叮嚀

簡報播放時，若要在視訊中顯示播放列，在 投影片放映 > 設定 群組中，要勾選 ☑ 顯示媒體控制項核取方塊（預設即為勾選）。

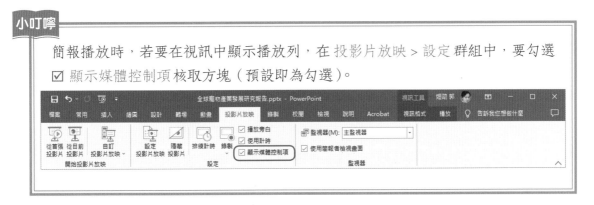

修剪視訊

置入影片後，如果覺得頭尾的內容不理想或不需要，可以利用 PowerPoint 的影片編輯功能，對影片的開頭和結尾部分進行修剪。

01 點選影片，執行 視訊工具 > 播放 > 編輯 > 修剪視訊 指令。

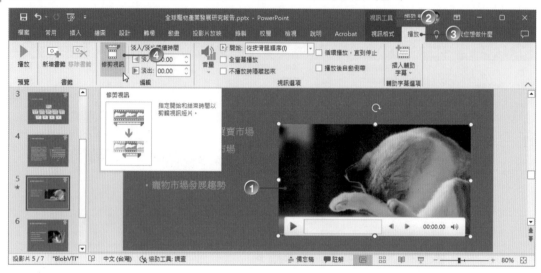

02 開啟 修剪視訊 視窗，要修剪片段的開頭，請拖曳「綠色」標記的起點，向右移動至新的起點位置；要修剪片段的結尾，則拖曳「紅色」標記的終點，向左移動至新的終點位置。

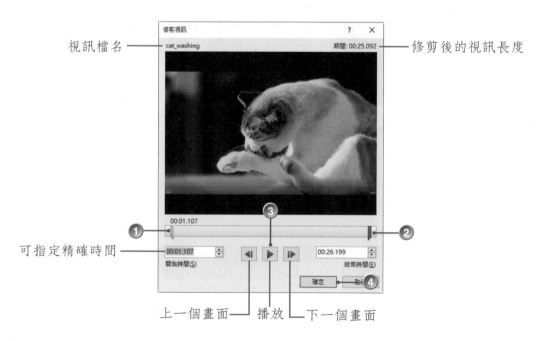

視訊檔名 —— cat_washing   期間: 00:25.092 —— 修剪後的視訊長度

可指定精確時間 ——

上一個畫面 —— 播放 —— 下一個畫面

03 修剪完可按 播放 ▶ 鈕瀏覽結果，完成修剪後按【確定】鈕離開視窗。

新增海報畫面

　　海報畫面 用來設定視訊影片的預覽圖像，也就是尚未播放視訊時所看到的影像畫面。您可以選擇以目前的影片內容做為預覽圖像，或是以選定的影像做為提供檢視的預覽圖像。

01 按一下 播放 ▶ 鈕開始播放影片，當出現您要做為海報畫面的內容時按下 暫停 ⏸ 鈕，執行 視訊工具 > 視訊格式 > 調整 > 海報畫面 > 目前畫面 指令。

可替視訊著色

選擇 重設 可以還原為預設值

02 若要選擇現有的圖像，則執行 影像來自檔案 指令，選擇已準備好的影像做為預覽圖像。

選取範例影像「cat.jpg」
做為海報畫面

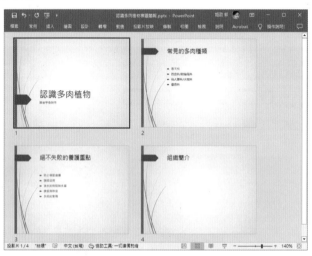

課後練習

開啟習題「認識多肉植物專題簡報.pptx」，於第 2 張投影片內嵌視訊檔「garden.mp4」，並指定以「多肉植物.jpg」做為海報畫面；於第 3 張投影片插入與「植物」有關的線上圖片，並調整至適當大小；最後在第 4 張投影片建立階層圖，並予以美化。

garden.mp4

多肉植物.jpg

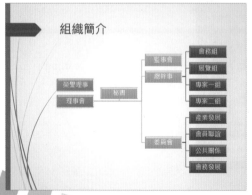

⛅ Check

我的旅遊相片秀

☆ 建立相簿

☆ 變更相簿

☆ 變更背景樣式

☆ 插入音效

☆ 修剪音訊

☆ 投影片的轉場切換

☆ 以閱讀檢視模式預覽結果

☆ 另存為播放檔

　　「相簿」是 PowerPoint 特別為一些喜歡將圖片、照片插入簡報中的使用者所設計的好用功能，讓您將自行拍攝的照片或繪製的圖檔，作成一張張投影片，宛如一場個人作品發表會！使用「相簿」的好處是，不需要為每張照片或圖片自訂大小、加外框、加文字方塊…等，因為相簿中的版面配置會將這些都設定好，您只管插入影像和輸入文字內容就好！

建立相簿

　　您可以從本機硬碟、外接式硬碟或讀卡機中，新增多張圖片到相簿中，PowerPoint 會建立新的簡報。

01 進入 PowerPoint 後，點選 插入 > 影像 > 相簿 > 新增相簿 指令。

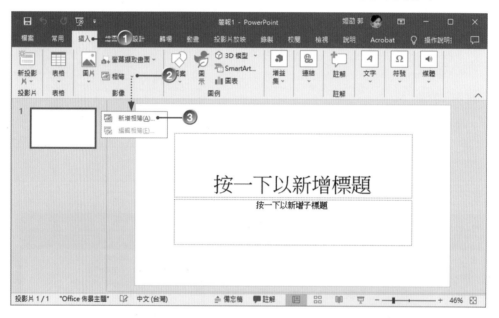

02 開啟 相簿 對話方塊，在 由此插入圖片 下，按【檔案 / 磁碟片】鈕。

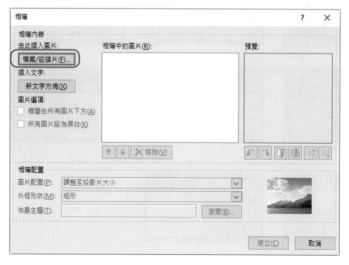

03 開啟 插入新圖片 對話方塊，找到範例資料夾，點選所需的檔案（可按 Ctrl 或 Shift 鍵複選），按【插入】鈕。

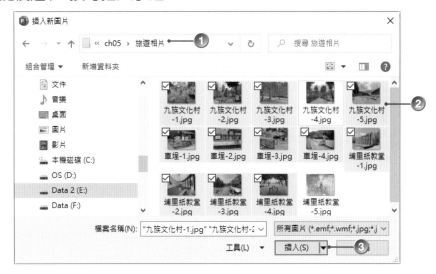

04 回到 相簿 對話方塊，若要改變圖片顯示的順序，請先勾選圖片後，利用下方的 ↑ 上、↓ 下 鈕調整；要取消某張圖片，可選取後按【移除】鈕；要調整影像，可於點選圖片後，利用 預覽 下方的工具鈕進行，調整後的結果會直接顯示在 預覽 視窗中。

調整亮度

調整對比程度

旋轉圖片

05 在 相簿配置 區域的 圖片配置 中，選擇一種配置，例如：二張有標題的圖片；再選一種 外框形狀，例如：簡易框架, 白色；若要套用佈景主題，可按【瀏覽】鈕。

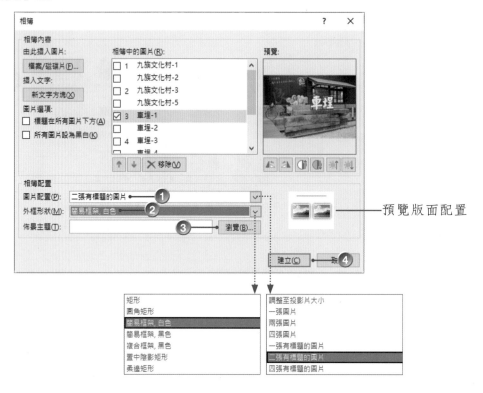

預覽版面配置

06 開啟 選擇佈景主題 對話方塊，點選一種佈景主題（或稍後再從 設計 > 佈景主題 套用），按【選取】鈕，再回到 相簿 對話方塊，按【建立】鈕。

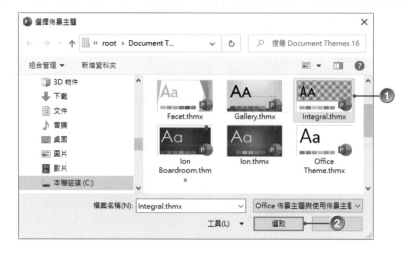

07 PowerPoint 會開啟新簡報，並依您所設定的格式顯示相簿。

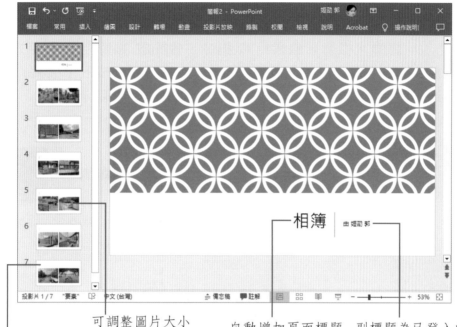

　　相簿　由 媥劭 郭

自動增加頁面標題　　副標題為已登入的微軟帳號

可調整圖片大小

可輸入標題內容

小叮嚀

如果已經以微軟帳號登入，副標題將顯示為帳戶名稱。若產生相簿前，先執行
檔案 > 選項 指令，在 一般 > 個人化您的 Microsoft Office > 使用者名稱 方塊中，
輸入相簿的預設作者名稱，此時勾選 ☑ 無論是否登入 Office，一律使用這些
值，那麼之後產生的相簿副標題，就會改用此處的名稱。

變更相簿

相簿建立後，視需要可以再增、刪圖片、改變相簿配置或加入文字說明。

01 點選 插入 > 影像 > 相簿 > 編輯相簿 指令，會開啟 編輯相簿 對話方塊，移除「九族文化村 -5.jpg」和「車埕 -3.jpg」二張圖片，按下【檔案 / 磁碟片】鈕，新增「埔里紙教堂 -5.jpg」，並調整圖片順序如下圖所示。

02 在 相簿中的圖片 清單中點選要加入文字方塊的圖片，按【新文字方塊】鈕，所選圖片下方會出現「文字方塊」，視需要逐一新增後，按【重新整理】鈕。

03 簡報會自動調整版面配置，點選文字方塊，即可輸入照片的相關說明。（可開啟「旅遊景點介紹 .docx」，複製其中的內容後，貼入投影片的文字方塊中）

在相簿中「文字方塊」
也佔了一個圖片的位置

輸入說明文字

04 可再透過 常用 索引標籤中的指令，調整文字大小和行距。

變更背景樣式

01 再切換到 設計 索引標籤，從 變化 中改選擇深色系的佈景套用，可以更加突顯投影片中的影像。

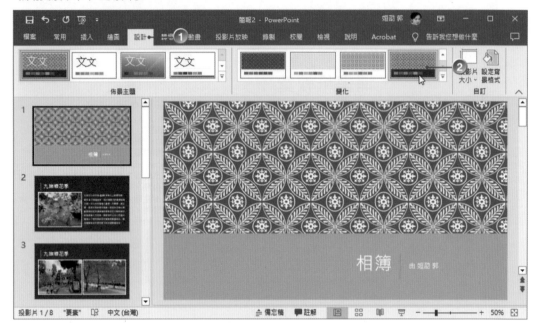

02 點選 設計 > 自訂 > 設定背景格式 指令展開 設定背景格式 工作窗格，變更 色彩，按【全部套用】鈕，再按 ⊠ 鈕關閉工作窗格。

小叮嚀

在 編輯相簿 對話方塊中勾選 圖片選項 的 ☑ 標題在所有圖片下方 及 ☑ 所有圖片設為黑白 核取方塊，再將 圖片配置 改為一張有標題的圖片，然後將 佈景主題 更換一下，按【重新整理】鈕後，可以產生另一種不同風格的相簿。

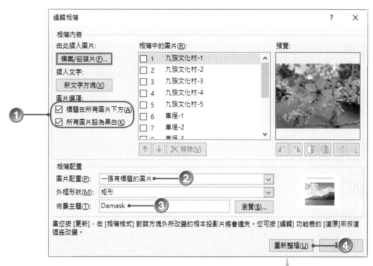

圖片下方顯示的「標題」
即為圖片的檔案名稱

相簿多了一點懷舊的味道！

插入音效

「音效」一向是簡報中不可缺少的基本元素，有了悅耳的音樂作陪襯，可以讓簡報更有氣氛。您可以插入音效檔案作為背景音樂。

01 我們要在投影片一開始放映時就出現音效，因此點選第一張投影片，再執行 插入 > 媒體 > 音訊 > 我個人電腦上的音訊 指令。

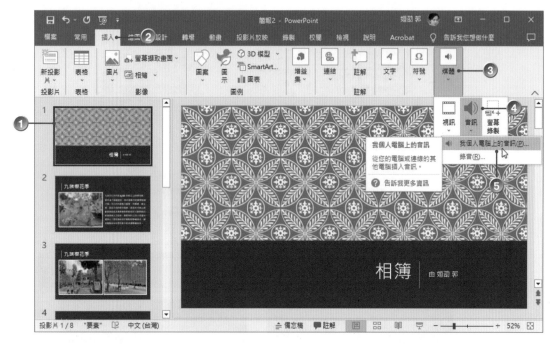

02 開啟 插入音訊 對話方塊，找到範例資料夾中的「輕音樂 -1.Mp3」並點選，按【插入】鈕。

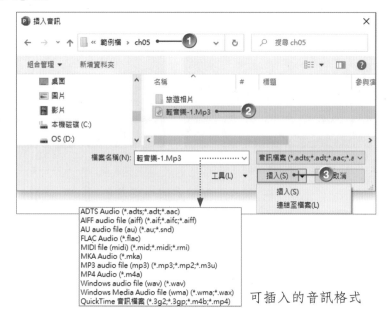

可插入的音訊格式

小叮嚀

> 從個人電腦插入音訊時，可以選擇 內嵌 或 連結 的方式，當選擇 插入 指令時，音訊會內嵌在簡報中，內嵌方式會使簡報檔案變大；選擇 連結至檔案 指令則可以減少簡報檔的大小，此時建議將聲音檔複製到與簡報相同的資料夾中，PowerPoint 會建立聲音檔的連結，即使將該資料夾移動或複製到其他電腦，也會找到並連結此聲音檔。

03 代表音效的圖示會顯示在投影片中央，可拖曳移至下方。

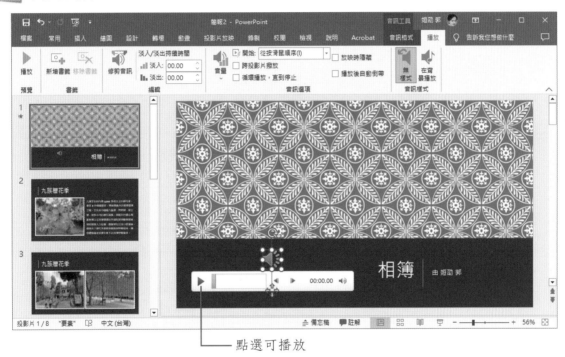

點選可播放

04 勾選 音訊工具 > 播放 > 音訊選項 中的 ☑ 放映時隱藏 核取方塊，讓聲音圖示在播放簡報時隱藏；再將 開始 方式改為 自動，讓簡報開始時自動播放音效；再勾選 ☑ 跨投影片撥放，這樣在放映簡報時所有投影片顯示期間都會播放音效；然後勾選 ☑ 循環播放，直到停止 核取方塊。

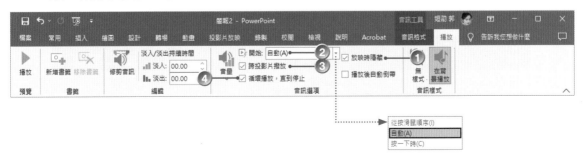

修剪音訊

如果想縮短音訊以配合投影片的時間，可以利用 PowerPoint 的修剪音訊功能來針對開頭和結尾的部分進行調整。

01 選取已插入投影片中的音訊，執行 音訊工具 > 播放 > 編輯 > 修剪音訊 指令，開啟 修剪音訊 視窗，按 ▶ 播放 鈕可以播放音樂。

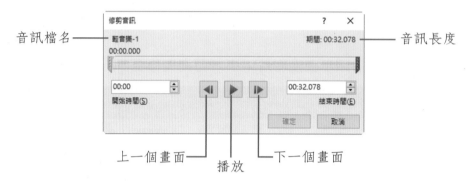

音訊檔名　　音訊長度

上一個畫面　　播放　　下一個畫面

02 若要修剪音效的開頭，請拖曳「綠色」標記的起點，向右移動至新的起點位置；要修剪音訊的結尾，則拖曳「紅色」標記的終點，向左移動至新的終點位置。

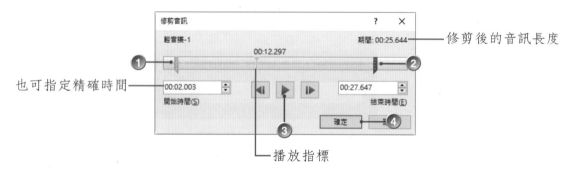

修剪後的音訊長度

也可指定精確時間

播放指標

03 剪輯後按 ▶ 播放 鈕試聽，確定完成修剪再按【確定】鈕。

> **小叮嚀**
>
> 若音訊為 **wav** 或 **mp3** 格式，可再透過 音訊工具 > 播放 > 編輯 群組，設定音訊的淡入（聲音由小變大）與 淡出（聲音由大變小）效果。
>
>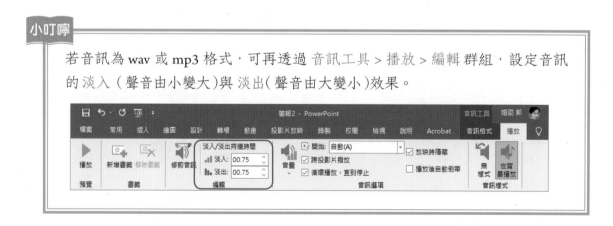

投影片的轉場切換

為了讓投影片的出場更吸引目光，可以在每張投影片上設定切換的動畫特效。

01 選取第一張投影片，點選 轉場 > 切換到此投影片 > 其他 指令，展開清單選擇一種切換效果，投影片中會立即播放效果供您預覽。

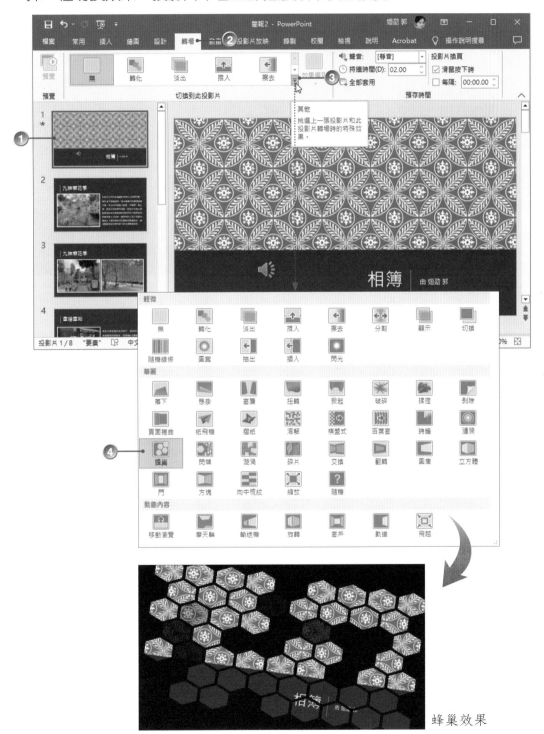

蜂巢效果

02 有些切換效果（例如：漣漪）可進一步指定 效果選項；在 轉場 > 預存時間 > 持續時間 欄位中輸入或點選數值設定投影片的切換速度，值愈小速度愈快。

可指定聲音加強效果 ———

預設以按滑鼠控制投影片的換頁

03 在 投影片換頁 中勾選 ☑ 每隔 核取方塊，再輸入或點選要自動換頁的時間，格式為 分：秒。當該張投影片內容播放完畢，經過自動換頁的時間後 (例如：5 秒)，即切換到下一張投影片。

同時勾選代表只要有其中一種
情形發生，就會執行換頁動作

04 重複上述步驟將所有投影片的切換效果設定好，或按下 轉場 > 預存時間 > 全部套用 指令套用到所有投影片。要移除切換效果可執行 轉場 > 切換到此投影片 > 無 指令。

每張投影片下方會顯示自動換頁的時間

以閱讀檢視模式預覽結果

01 回到第一張投影片，點選 狀態列 上的 閱讀檢視 鈕進入 閱讀檢視模式 欣賞作品。

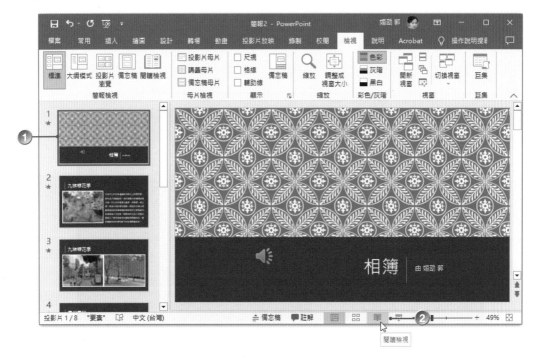

02 投影片會在指定的時間自動換頁，音效也會持續並重複播放直到放映結束。

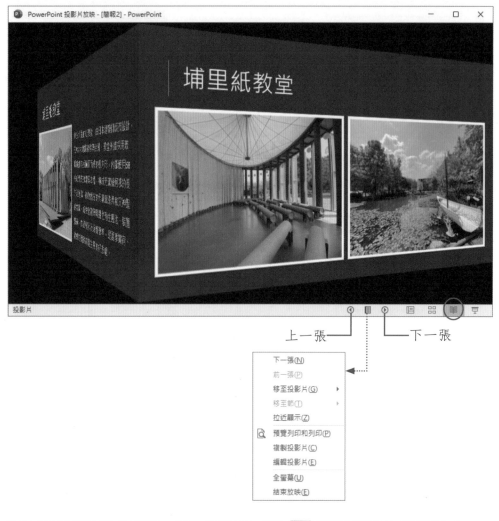

上一張　　　　　　　　下一張

03 放映結束出現黑色背景，按一下滑鼠或按 `Esc` 鍵即可回到 標準模式。

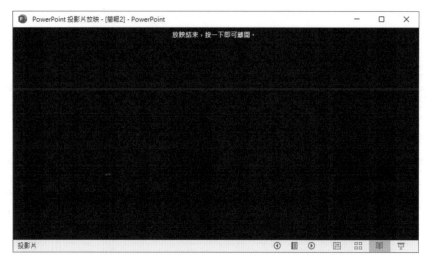

另存為播放檔

要將完成的作品 E-mail 給親朋好友欣賞，可將簡報另存為「播放檔 (*.ppsx)」，再以附件方式寄出，對方可在未啟動 PowerPoint 的情形下，開啟播放檔播放簡報。先將簡報命名儲存後，再執行 檔案 > 另存新檔 指令，存檔類型 選擇「PowerPoint 播放檔 (*.ppsx)」，按【儲存】鈕。

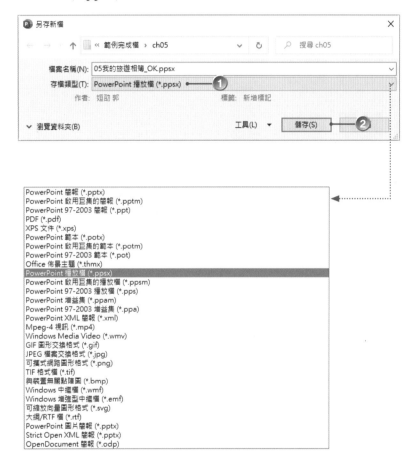

課 後 練 習

利用 相簿 指令,將「澎湖行」資料夾中的照片依序建立如下圖所示的相簿,可再加上文字方塊說明(開啟「澎湖介紹 .docx」複製內容),並插入音訊檔「music.mp3」,讓簡報從頭到尾都有音效,再設定投影片的切換特效和換頁時間,最後另存為播放檔,完成旅遊作品秀。

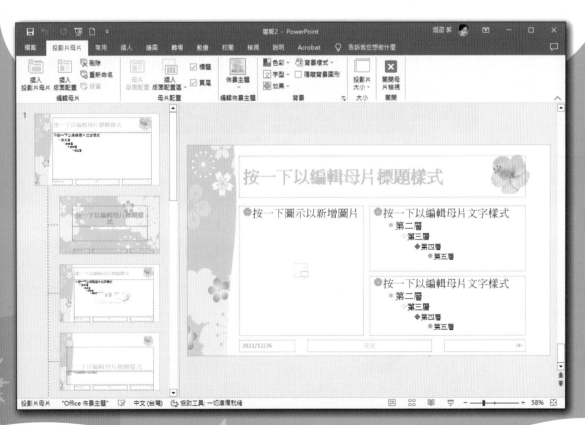

Check

訂做花花世界 設計範本

☆ 檢視投影片母片

☆ 設定背景樣式

☆ 編輯投影片母片

☆ 影像去背與調整

☆ 新增版面配置

☆ 儲存與套用自訂範本

☆ 插入頁首及頁尾

使用 PowerPoint 製作簡報的特色之一，就是可以輕鬆的讓簡報呈現一致的外觀。除了套用 PowerPoint 的佈景主題與範本外，我們也可以製作專屬的設計範本或佈景主題，以突顯公司或個人的形象與風格。

檢視投影片母片

每一種佈景主題或範本都各有其「母片」，並包含多種預設的基本版面配置，且會依照母片的背景圖案設計，放置適當的位置框。

01 開啟範例簡報「檢視母片 .pptx」，執行 檢視 > 母片檢視 > 投影片母片 指令。

02 進入 投影片母片 檢視模式，預設會包含五個版面配置區（位置框），這些位置框除了規範位置外，也用來定義格式，以便在輸入文字內容時套用。

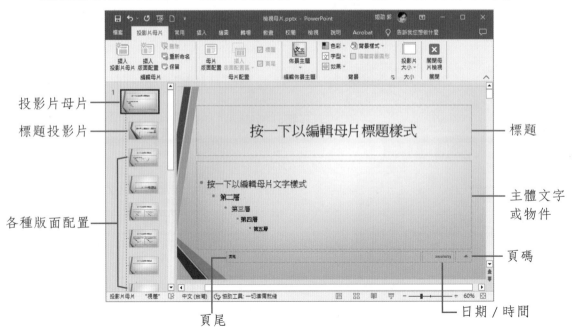

03 執行 投影片母片 > 關閉 > 關閉母片檢視 指令回到 標準模式。

小叮嚀

簡報製作過程中，用來規範大部分投影片內容、格式與版面配置的就是 投影片母片 了，一旦對投影片母片作了變更，例如：更改字型、項目符號、插入圖案或改變版面配置區的位置和大小等，其他的版面配置也會跟著同步變更。

變更母片會影響
到各種版面配置

不同的設計範本或佈景主題，會
有不同的母片數目和版面配置

對投影片母片有了基本認識後，接下來我們開始進入自訂設計範本的程序。

設定背景樣式
....

　　簡報在套用佈景主題時會有預設的背景圖案，通常公司企業或個人會有專屬的背景來突顯其特色。

01 開啟新的空白簡報，並進入 投影片母片 檢視模式，預設會位在 標題投影片母片 縮圖，執行 投影片母片 > 背景 > 背景樣式 > 設定背景格式 指令，或點選 設定背景格式 對話方塊啟動器鈕 。

02 展開 設定背景格式 工作窗格，展開 填滿 項目，點選 ⊙ 圖片或材質填滿 選項，按下【插入】鈕。

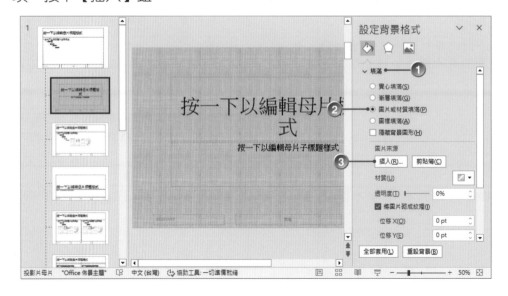

03 出現 插入圖片 視窗，點選 從檔案。

04 於 插入圖片 對話方塊找到範例資料夾中的「標題投影片 .jpg」圖片，作為標題投影片 的背景，按【插入】鈕。

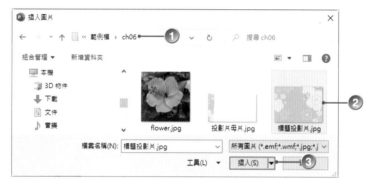

05 接著點選第 1 張 投影片母片 縮圖，重複前面步驟插入「投影片母片 .jpg」圖片，作為 投影片母片 的背景，再關閉 設定背景格式 工作窗格。

除了 標題投影片 外，其他版面配置都會同步變更背景圖案

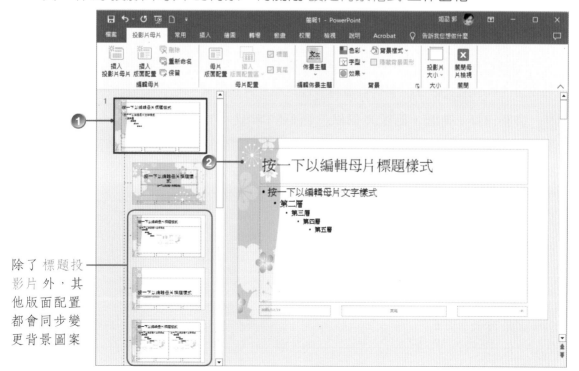

編輯投影片母片

‧‧‧‧‧‧‧‧‧‧

在 投影片母片 下所輸入的文字、繪製的圖形或插入圖片，都會反映在 投影片
母片 下相關的 版面配置 中。

01 點選 投影片母片 縮圖，選取標題位置框，點選 常用 > 字型 > 字型色彩 指
令，展開清單選擇 色彩選擇工具，滑鼠指標呈 🖉 滴管狀，在投影片中綠色
區域點選以指定色彩，標題文字隨即呈現相同顏色，按 Esc 鍵可將滑鼠指標
恢復正常，可再設定其他格式，左側清單相關版面配置中的標題會一併變更。

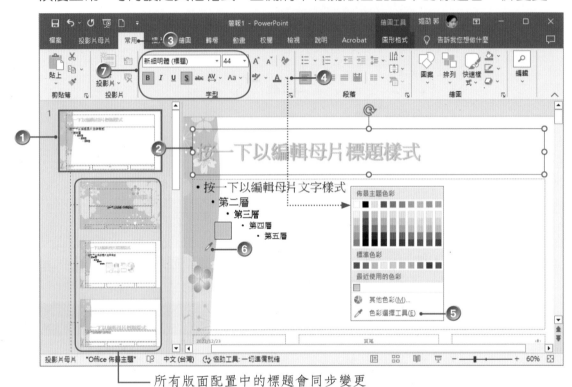

所有版面配置中的標題會同步變更

02 調整日期 / 時間、頁尾及頁碼位置框的字型大小和格式。

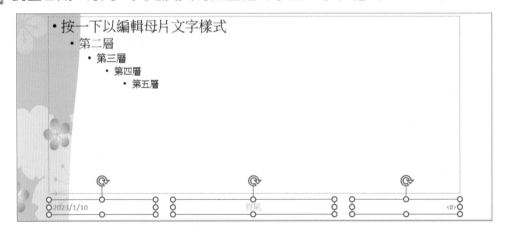

03 將插入點置於主體文字位置框第一層項目的任意處，變更項目符號的圖案與
格式。

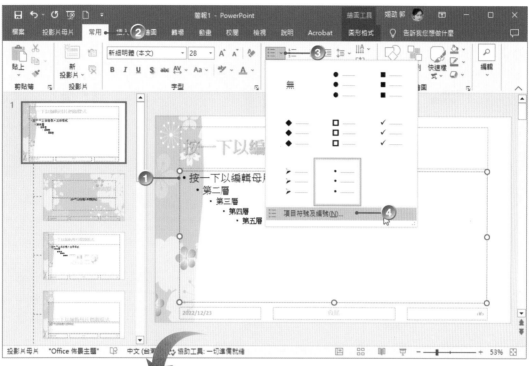

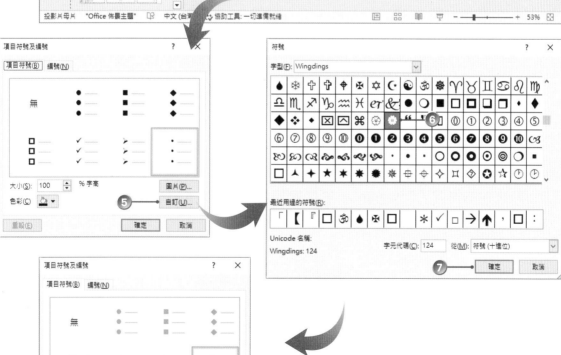

04 重複上述步驟，將項目清單其他層級的項目符號予以變更，所有與項目清單有關之版面配置中的位置框也會一併修改。

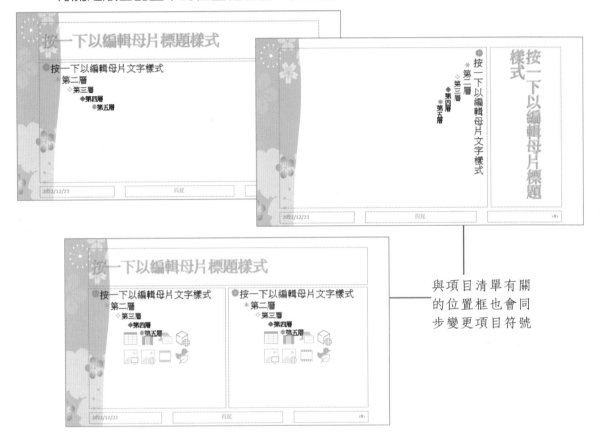

與項目清單有關的位置框也會同步變更項目符號

影像去背與調整

01 目前仍在投影片母片，執行 插入 > 影像 > 圖片 > 此裝置 指令，插入範例資料夾中的影像「**flower.jp**」，影像會插入到投影片的中央位置。

02 於 圖片工具 > 圖片格式 > 大小 群組中指定 圖案高度 為「5 公分」，並移到投影片的右上角位置，接著執行 圖片工具 > 圖片格式 > 調整 > 移除背景 指令。

寬度會自動調整為相同尺寸

每一種版面的相同位置都出現此圖片

03 系統自動顯示背景移除後的影像，同時出現 背景移除 索引標籤，點選 保留變更 指令關閉背景移除。

呈桃紅色的區域將會被移除

小叮嚀

執行 背景移除 > 細部修改 > 標示要保留的區域 指令時，滑鼠指標呈「筆」形，以拖曳的方式繪出要保留而不移除的範圍；執行 背景移除 > 細部修改 > 標示要移除的區域 指令則可繪出不要保留的區域。捨棄所有變更 指令則會取消所有變更回復到未去背的結果。

04 再透過 圖片工具 > 圖片格式 > 調整 群組中的指令,進行影像調整。

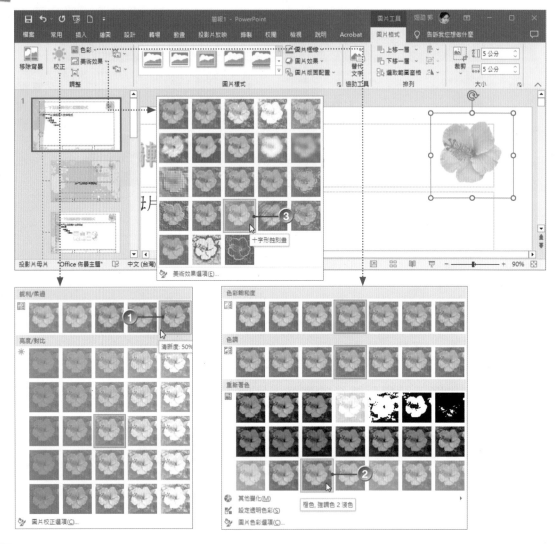

05 將 投影片母片 中的標題及物件的位置框調窄,不要與左側的影像重疊,再視需要調整各版面配置中的位置框。

標題投影片中
也有花朵圖案

06 點選第 2 張 標題投影片 縮圖，勾選 投影片母片 > 背景 的 ☑ 隱藏背景圖形 核取方塊，讓標題投影片的右上角不要有花的圖片；接著再變更標題和副標題的位置框格式。

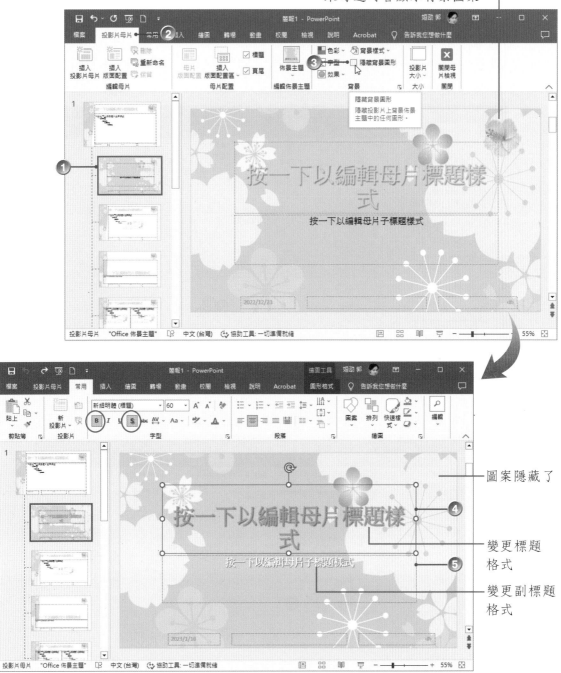

未勾選時會顯示背景圖案

圖案隱藏了

變更標題格式

變更副標題格式

新增版面配置

當選用某種佈景主題時，投影片中會有預設的位置框、文字格式和背景圖案等，如果預設的各種版面配置無法滿足簡報的需求，那麼我們可以新增版面配置，並將其命名儲存。

01 點選 投影片母片 縮圖，執行 投影片母片 > 編輯母片 > 插入版面配置 指令，在視窗左側清單最下方出現一張只有 標題、日期、頁尾 和 頁碼 位置框的 投影片版面配置。

02 點選 投影片母片 > 母片配置 > 插入版面配置區 > 圖片 指令。

03 以滑鼠拖曳方式在投影片版面中產生「圖片」配置區，並調整大小及位置。

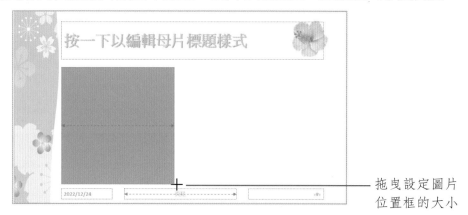

拖曳設定圖片
位置框的大小

04 重複步驟 2~3 再產生其他的配置區，並安排位置；完成新版面配置的設計後，點選 投影片母片 > 編輯母片 > 重新命名 指令，輸入新版面配置的名稱，按【重新命名】鈕。

完成版面配置的設計

小叮嚀

產生位置框後，可透過 繪圖工具 > 圖形格式 > 排列 功能區群組進行對齊。

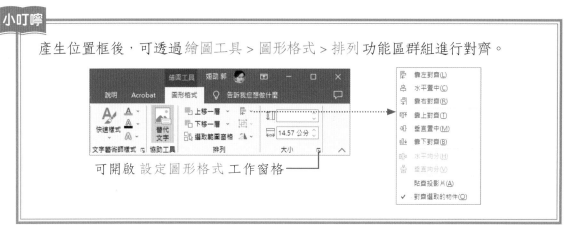

可開啟 設定圖形格式 工作窗格

05 執行 投影片母片 > 關閉母片檢視 回到 標準模式 檢視，即可在 常用 > 投影片
> 新投影片 或 投影片版面配置 清單中看到所新增的版面配置。

儲存與套用自訂範本

設計完新的版面配置後，可以將其另存為設計範本供日後重複套用。

01 執行 檔案 > 儲存檔案 指令，按 瀏覽 開啟 另存新檔 對話方塊，輸入自訂範
本的名稱；存檔類型 選擇 PowerPoint 範本 (*.potx)，此時會自動切換路徑到
自訂 Office 範本 資料夾，按【儲存】鈕。

02 關閉檔案，下次要以此新範本建立新簡報時，可執行 檔案 > 新增 指令，切換到 個人 標籤，找到自訂範本並點選，再按【建立】鈕。

03 即可開啟新簡報，開始新增投影片，產生所需的內容。

插入頁首及頁尾

要在投影片中插入日期及時間、頁尾和頁碼,請執行 插入 > 文字 > 頁首及頁尾 指令,進入 頁首及頁尾 對話方塊中勾選核取方塊並輸入內容。

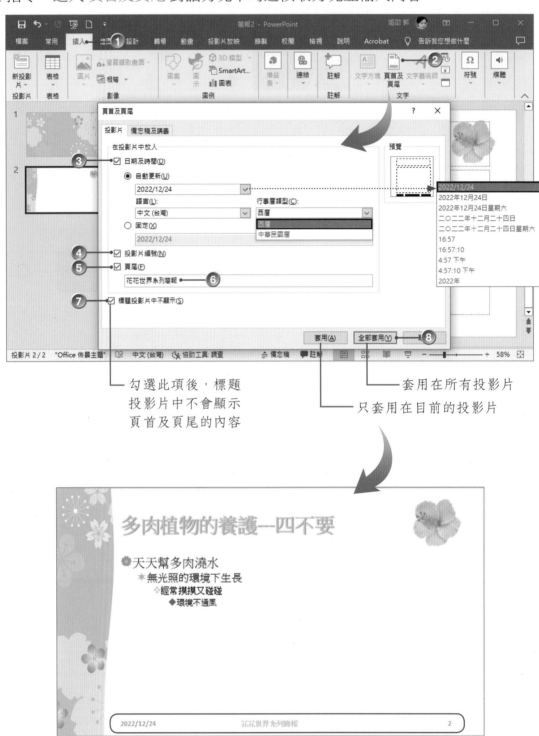

勾選此項後,標題
投影片中不會顯示
頁首及頁尾的內容

套用在所有投影片

只套用在目前的投影片

小叮嚀

● 簡報中若使用了特別的字型，為避免其他人在他們的電腦中開啟簡報時沒有該字型，而使簡報效果打折扣，可將字型內嵌在簡報再儲存。請執行 檔案 > 選項 指令開啟 PowerPoint 選項 對話方塊，點選 儲存 標籤，勾選 ☑ 在檔案內嵌字型 核取方塊，再點選 ⊙ 內嵌所有字元 選項，按【確定】鈕。

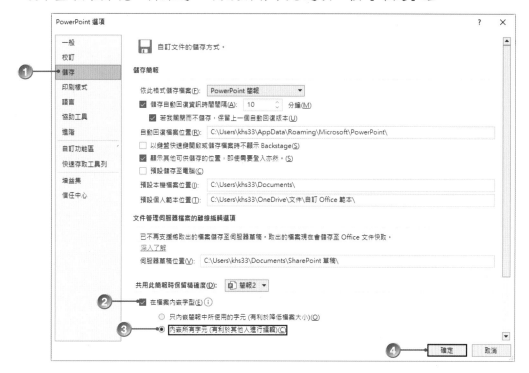

● 要取得更多專業的範本和佈景主題，可以連上微軟網站免費下載。

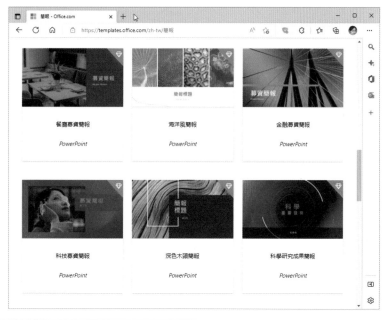

課後練習

利用範例資料夾中的影像圖片，作為 投影片母片 和 標題投影片 的背景圖案；仿照本單元的作法，插入「flower-2.jpg」並去背後，置於投影片母片中；變更母片的標題及物件的格式，再新增一個包含三個位置框的版面配置，完成自訂的範本如下圖所示。

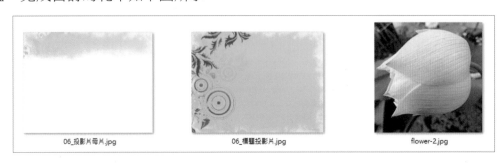

三個位置框的版面配置

動態簡報真精彩

☆ 自訂動畫

☆ 複製動畫設定

☆ 動畫的進階控制

☆ SmartArt 物件與圖表的動畫設定

☆ 封裝簡報

要讓簡報「動起來」，除了插入視訊影片，或設定投影片之間的換場特效外，針對投影片中的文字、圖片、圖表、SmartArt 圖形等物件，也可以隨心所欲的安排出場順序或效果，讓簡報的播放更流暢、更吸引眾人的目光！

自訂動畫

PowerPoint 可以針對投影片中的元件做特效處理，所謂的「特效」，是指文字或圖形物件的出場方式、出場順序、結束方式或是加強視覺效果的設定。

01 開啟範例「異國料理製作專題 .pptx」並位在第 1 張投影片，點選標題文字框，切換到 動畫 索引標籤，點選 進階動畫 > 動畫窗格 指令開啟工作窗格。

02 從 動畫 > 動畫 > 其他 的下拉式清單瀏覽並套用不同特效，套用的物件會立即在投影片中播放效果。

03 接著可從 效果選項 清單中改變動畫的 方向 或 順序；不同的動畫項目，可變更的屬性就不同。

預設的「開始」方式為「按一下時」
（動畫效果在您按一下滑鼠時開始）

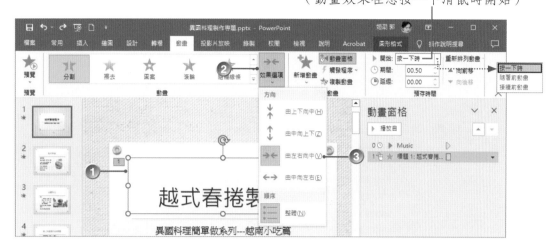

04 重複上述步驟新增副標題的 進入 效果，按【播放自】鈕可從該項設定開始預覽動畫效果。

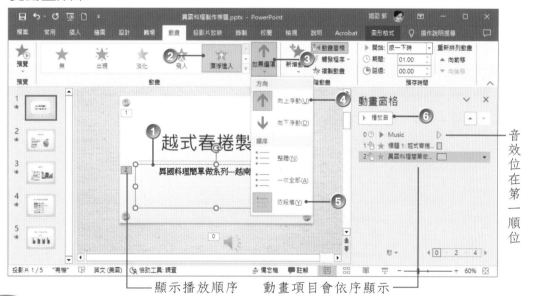

音效位在第一順位

顯示播放順序　　動畫項目會依序顯示

小叮嚀

動畫圖示為「綠色」代表 進入 效果，
「黃色」代表 強調 效果，「紅色」代表
結束 效果。

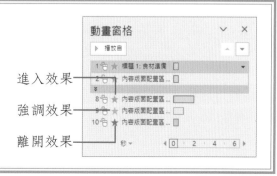

進入效果
強調效果
離開效果

05 切換到第 2 張投影片，點選項目清單文字框，設定 進入 的 隨機線條 效果，
並指定 效果選項。

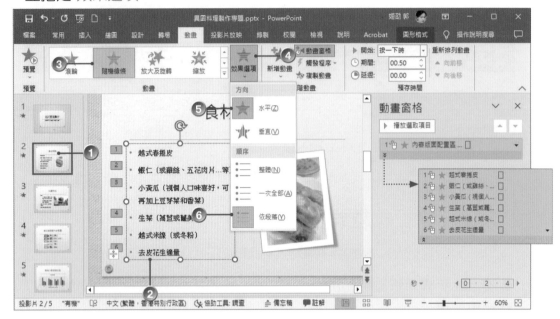

06 接著選取圖片，從 動畫 清單中選擇 進入 的 滾輪；接著，將 效果選項 設定
為「8 輪輻」。

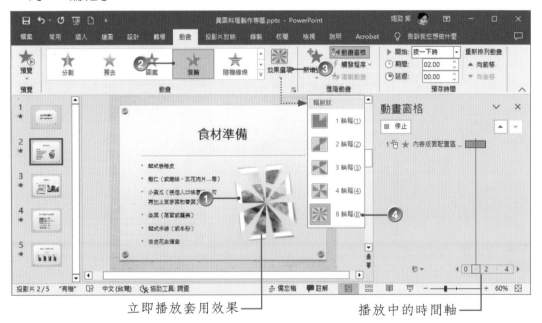

立即播放套用效果   播放中的時間軸

07 再點選 進階動畫 > 新增動畫 > 強調 > 蹺蹺板 效果，在圖片上新增第 2 個動畫效果；當圖片以 滾輪 方式出現後，接著就會呈現 蹺蹺板 的 強調 效果。

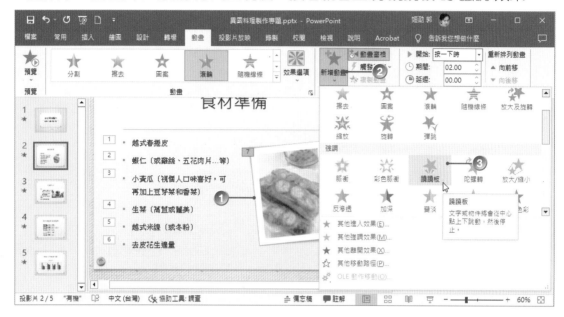

08 預設的動畫 開始 方式皆為 按一下時，也就是由「按一下滑鼠」來控制動畫的進行。若要讓動畫依序自動播放，可改為 接續前動畫；隨著前動畫 則會與前一項動畫同時播放。

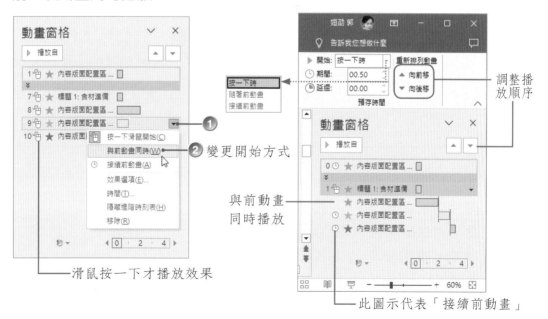

小叮嚀

- 任何物件都可重複新增動畫,例如:先 進入、再 強調、最後 離開,但請注意播放的流暢性,可視需要於 動畫窗格 中調整播放順序。按 `Delete` 鍵可刪除該項動畫設定,或執行 動畫 > 動畫 > 無 指令也可移除該動畫。

- 預存時間 群組中的 期間 為動畫執行所持續的期間,值愈小期間愈短,速度就愈快;延遲 選項用來設定動畫開始之前的延遲時間。

- 如果想套用的效果未出現在動畫清單中,可點選其他進入效果、其他強調效果、其他離開效果 等指令,進入對話方塊中選取。

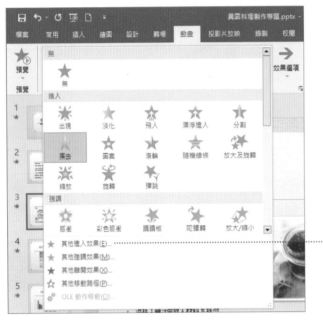

- 若想變更已套用的動畫效果,請先從 動畫窗格 中選取該效果,再點選 動畫 > 動畫 > 其他指令展開清單選擇不同的效果取代。

09 重複以上的設定方法,將其他投影片中的動畫也一一設定完畢,完成後可進入 閱讀檢視模式,檢視投影片播放時的動態狀態。

滾輪效果播放中 ———

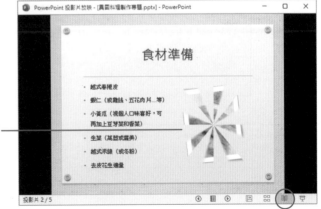

複製動畫設定

　　簡報中若有多個物件要套用相同的動畫效果，透過「複製動畫」功能，可以輕鬆的將某個物件上的所有動畫設定複製到其他的物件上。

01 點選要複製動畫的來源物件，再點選 動畫 > 進階動畫 > 複製動畫 指令。

02 此時滑鼠游標會變成 ▷▲ 刷子形狀，點選一下要套用相同動畫的物件（可切換到不同投影片中），即可套用相同的動畫效果。

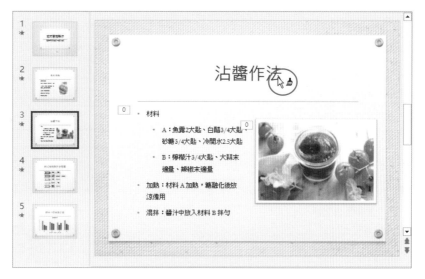

小叮嚀

在 複製動畫 指令上快按二下，即可連續將動畫效果複製到多個物件上，結束使用請按 Esc 鍵離開設定狀態。

動畫的進階控制

透過 效果選項 指令，可以針對動畫選項做進一步的設定，例如加上音效、群組文字的出現方式…等。

01 若項目清單中還有分層級，例如第 3 張投影片，可點選 動畫窗格 清單中的效果，從展開的清單中點選 效果選項 指令。

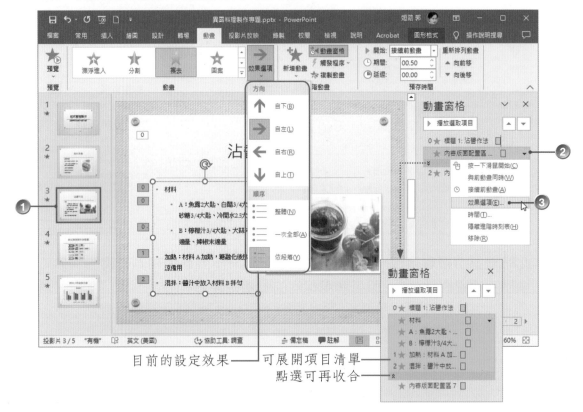

目前的設定效果 ——
可展開項目清單 ——
點選可再收合 ——

02 出現對話方塊並位於 效果 標籤，在此可設定 聲音 和 顯示文字動畫 的 加強效果；此對話方塊的內容會因動畫效果而異。

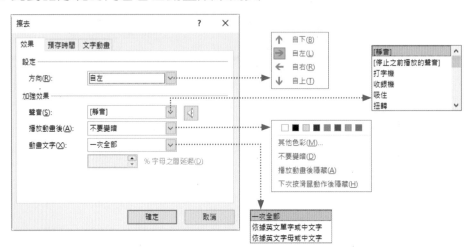

03 切換到 文字動畫 標籤，於 將文字組成群組 下拉式清單中，可設定段落出現的單位，於 每隔 中設定出現的間隔時間。按【確定】鈕離開對話方塊，回到投影片中 PowerPoint 會自動預覽。

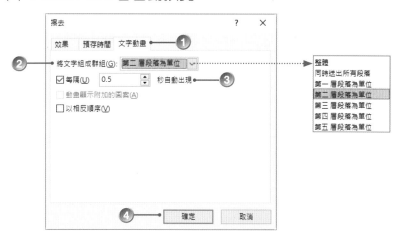

SmartArt 物件與圖表的動畫設定

除了項目清單中的文字段落在設定動畫效果時，可以依「整體」或「段落」等方式呈現外，SmartArt 物件與圖表這些類型的物件中，通常會包含許多的元素，因此它們在設定動畫效果時就有更多彈性的空間。

01 點選第 4 張投影片，其中包含一個「> 形箭號清單」流程圖的 SmartArt 物件，點選後設定 擦去 的 進入 效果。

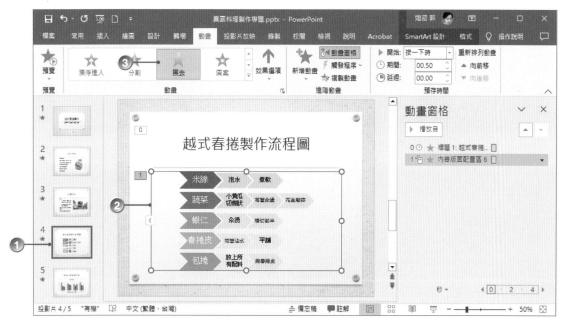

02 進入其 效果選項 對話方塊，並切換到 SmartArt 動畫 標籤，將圖形組成群組
下拉式清單中可以指定動畫要依哪種方式出現。

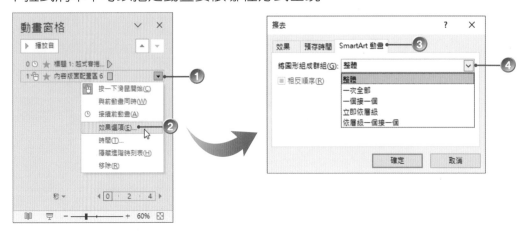

整體 和 一次全部 所花的時間較少，藉由下圖可以比較出它們之間的差異，請依
簡報可用的時間長短來決定動畫出現的方式。

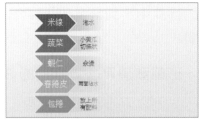

整 體

一次全部

立即依層級

依層級一個接一個

一個接一個花的時間最長

03 點選第 5 張投影片，點選其中的圖表，設定 隨機線條 的 進入 方式。

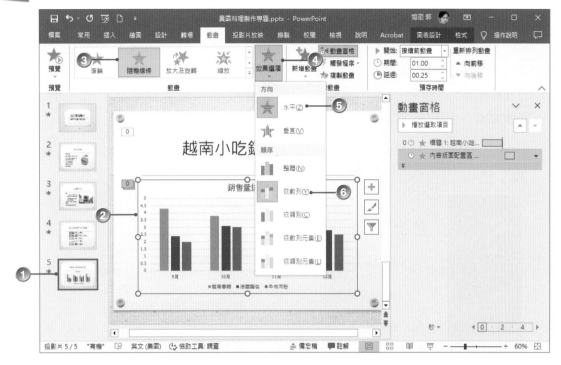

04 進入其 效果選項 對話方塊，可以指定依哪種 順序 顯示圖表中的元素。

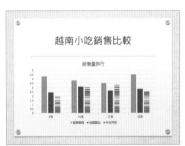

依數列

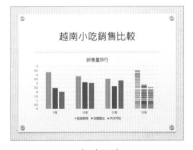

依類別

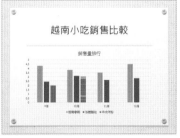

依數列元素

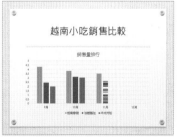

依類別元素

05 不再設定動畫，請關閉 動畫窗格 工作窗格。

封裝簡報

「將簡報封裝成光碟」功能可以讓您將一或多個簡報及簡報的支援檔案，複製到 CD 上（如果有燒錄裝置）；若沒有燒錄機，則可以將簡報複製到電腦上的資料夾或網路位置。封裝作業就像是打包行李一樣，會將所有相關的連結檔案收放在一起，因此簡報得以順利播放。當您的簡報有連結到其他文件、試算表、簡報、圖片…等檔案時，就可使用此方式「打包」。

01 簡報經儲存後，點選 檔案 > 匯出 > 將簡報封裝成光碟 指令，按【封裝成光碟】鈕。

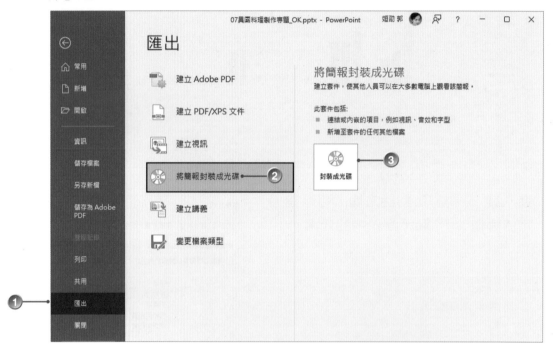

02 開啟 封裝成光碟 對話方塊，在 CD 名稱 方塊中，輸入 CD 或資料夾的名稱，下方清單中顯示目前開啟的簡報檔案；按一下【選項】鈕。

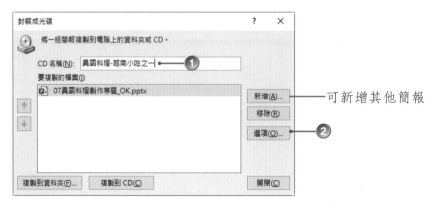

可新增其他簡報

03 開啟 選項 對話方塊，視狀況進行選項變更。

預設會勾選此
二項核取方塊

04 按【確定】鈕，回到 封裝成光碟 對話方塊；按【複製到 CD】鈕，即可開始燒錄。如果不要燒錄至 CD，可點選【複製到資料夾】鈕，複製到指定的資料夾中。

① 選擇複製位置

05 出現確認訊息，按【是】鈕。

06 複製完成後會自動開啟資料夾供您檢視。

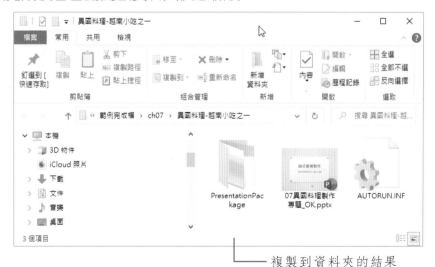

複製到資料夾的結果

07 最後按【關閉】鈕，離開 封裝成光碟 對話方塊。

課後練習

利用範例「提昇客戶服務品質.pptx」，設定投影片中文字、圖案和圖表的動畫效果，並設定投影片的轉場特效，讓動畫能流暢的自動播放；最後封裝到「專案研究」資料夾中。

封裝簡報

Check

讓人目不轉睛的
簡報密技

Chapter

8

☆ 簡報的排練

☆ 錄製投影片放映

☆ 超連結與動作設定

☆ 設定放映方式

☆ 簡報播放

☆ 將簡報轉成影片

一般傳統的簡報方式，會有位主講人在台上，向與會者逐一報告內容。在正式簡報前總要經過不斷的排演或調整簡報內容，以便在有限的時間內，進行一場最完美的演出。經由本章的範例實作，您可以學習到如何讓簡報的播放更順利。

簡報的排練

「排練計時」的功能會啟動全螢幕的放映讓您排練簡報內容，您可以記錄每張投影片所花費的時間，並儲存這些記錄，將來可使用這些時間長度來放映投影片；也可以做為調整簡報內容以便控制時間的參考依據。

01 開啟範例檔案「校外教學提案.pptx」，這是一份插入了音效、視訊、設定動畫以及指定「預存時間」之轉場效果的簡報，進入放映模式時會自動依序播放。執行 投影片放映 > 設定 > 排練計時 指令。

已設定預存時間

02 進入全螢幕的 投影片放映 模式，會從第一張開始播放，畫面左上方會出現錄製 工具列並開始計時，您可以實際進行簡報演練。按 下一張 鈕可以進行下一張投影片的播放。

03 每一張投影片在排練時，都會從 0 開始，最右側欄位則顯示累計時間。如果進行中，有某段程序要重新來過，可按下 🔄 重複 工具鈕將該張投影片的計時歸零並重新排練。若需暫停，可按下 ⏸ 暫停錄製 工具鈕，計時器會中斷計時（音效也會暫停），待您按下【繼續錄製】鈕才繼續。

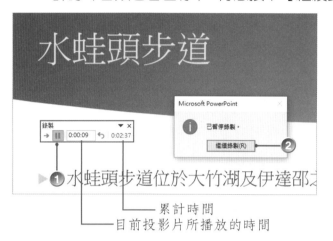

播放視訊中

累計時間
目前投影片所播放的時間

04 當您完成所有簡報播放後，會出現一個訊息框，點選【是】鈕，錄下來的播放時間將會取代原先在「預存時間」所設定的「每隔」幾秒自動換頁選項中的時間設定。

選【否】鈕則不記錄排練時間

05 切換到 投影片瀏覽模式，在每一張投影片的右下角，會顯示排練計時所花費的時間。

排練所花費的時間

錄製投影片放映

「排練計時」主要是用來訓練簡報者進行自我演練，以便熟能生巧並學會掌控簡報時間。「錄製投影片放映」可以把排練過程中的口頭提報，或播放時以畫筆所記錄的內容完整錄製下來，這種包含了聲音、影像和筆跡的簡報，可以用自動播放的方式，提供給一些無法親臨簡報會場的人，或將其匯出成影片檔案，以備日後參考。

「錄製投影片放映」很適合用在具備網路攝影機的觸控式螢幕電腦，或是使用外接式攝影機和麥克風。錄製時會以每張投影片為基礎來新增，在投影片轉場期間不會錄製音效或影片，因此請不要在投影片轉場時進行旁白。每張投影片在開始和結束時也會有一小段的靜音緩衝，這些是您在錄製時要注意的細節。

> **小叮嚀**
>
> 在 PowerPoint 2019 中新增了 錄製 索引標籤，其中包含了所有和視訊錄製與匯出有關的功能，這些相關的指令也可以在其他索引標籤中找到。請注意！本單元所介紹的 錄製 指令是一種全新的體驗，不適用於 PowerPoint 2016。
>
>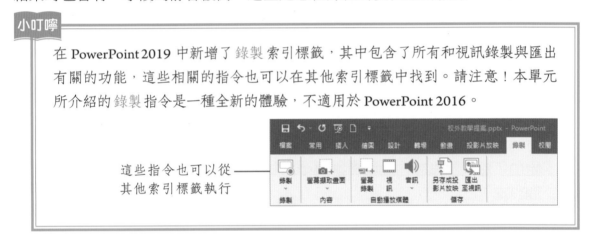
>
> 這些指令也可以從其他索引標籤執行

01　確定連接好麥克風和攝影機後，執行 投影片放映 > 設定 > 錄製 > 從頭開始 指令。

可以從目前所在的投影片（第 2 張）開始錄製

02 開啟 PowerPoint 簡報者檢視畫面，並顯示首張投影片的內容。

控制列 ─── 開啟備忘稿視窗 ─── ┌─ 清除錄製內容

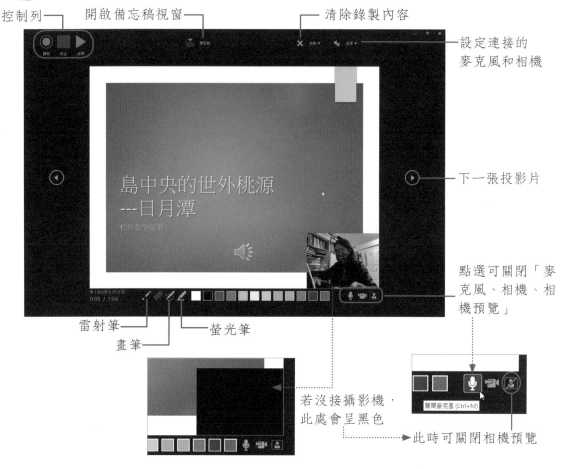

設定連接的
麥克風和相機

下一張投影片

點選可關閉「麥
克風、相機、相
機預覽」

雷射筆 ───
畫筆 ───
─── 螢光筆

若沒接攝影機，
此處會呈黑色

關閉麥克風 (Ctrl+M)

此時可關閉相機預覽

03 按下 錄製 鈕，會從 3 開始倒數讀秒。

島中央的世外桃源
---日月潭

04 開始進行投影片的錄製，可透過下方的各種工具，在投影片上加註筆跡與說明，若有 備忘稿 可展開內容參考。

05 錄製過程中，所有旁白、雷射筆跡、畫筆動作…等都會錄製下來，按下 暫停 鈕可暫停錄製；按下 停止 鈕後，再按 重播 鈕可播放錄製的影片，此時如果想重錄，可點選 清除 選擇要清除錄製的內容。

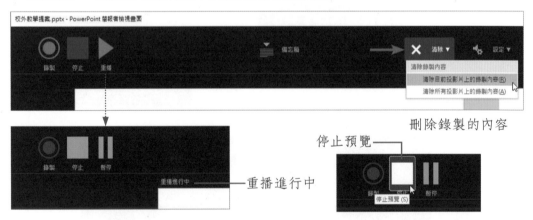

06 所有投影片都錄製完成後會出現黑色畫面，再按一下即可離開。

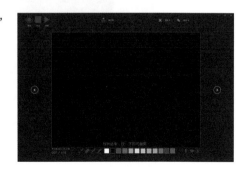

07 切換到 投影片瀏覽 模式，錄製旁白的影片已內嵌在每張投影片中，投影片縮圖的右下角也會顯示錄製的時間長度。

內嵌的視訊

08 若錄製的不滿意，可以直接選取內嵌的視訊並刪除，稍後可再執行 投影片放映 > 設定 > 錄製 > 從目前投影片 指令，針對該張投影片重新錄製。

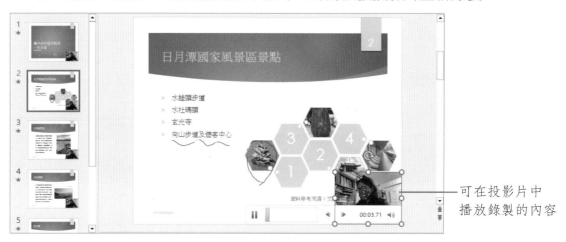

可在投影片中播放錄製的內容

小叮嚀

執行 投影片放映 > 設定 > 錄製 > 清除 指令，除了可以清除目前或所有投影片上所錄製的旁白外，也可以清除投影片的計時（轉場 > 預存時間 中的每隔幾秒換頁時間）。

超連結與動作設定

簡報播放期間，在講解某張投影片的畫面時，可能需要跳到特定頁的投影片作說明；有時還得再開啟另一個簡報畫面、或其他檔案、甚至連上網站。您可以事先在投影片中加上控制投影片瀏覽的 超連結 或 動作按鈕 來解決這個問題。

01 點選第 2 張投影片，反白選取「資料參考來源 ...」文字，然後點選 插入 > 連結 > 連結 指令。

02 連結至 採預設選項，在 網址 欄位鍵入網址，按【確定】鈕。

會顯示預設的超連結底線格式

03 繼續點選上方的「九蛙」圖片，按右鍵選擇 超連結 指令。

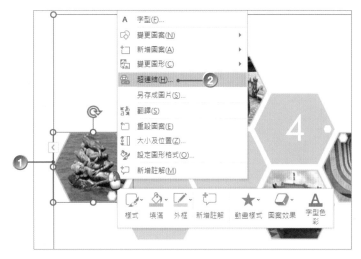

04 連結至 選擇 這份文件中的位置，再選第 3 張投影片的標題，按【確定】鈕。

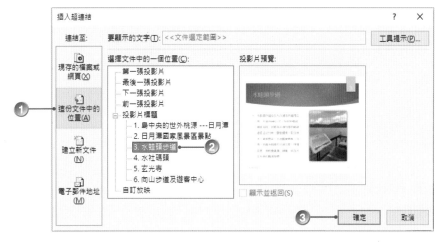

05 重複步驟 3-4，將其他三張圖片設定超連結到指定的投影片標題。

06 切換到第 3 張投影片，執行 插入 > 圖例 > 圖案 指令，展開清單選擇一種 動作按鈕。

07 在投影片中拖曳出一矩形區域。

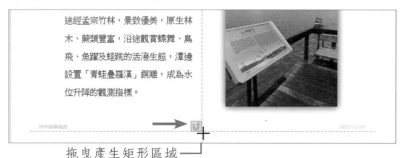

拖曳產生矩形區域

08 放開滑鼠後會出現 動作設定 對話方塊，且位在 按一下滑鼠 標籤，按滑鼠時的動作 選項為 ⊙ 跳到，預設為 檢視過的最後一張投影片，請從下拉式清單中改選 投影片，按【確定】鈕。

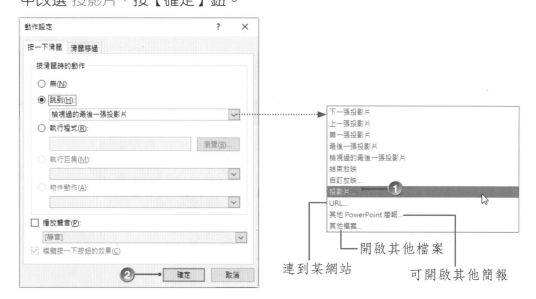

連到某網站　　開啟其他檔案　　可開啟其他簡報

09 選擇第 2 張投影片標題，按【確定】鈕，再按【確定】鈕。

10 選取此動作圖案並 複製 後，貼上 至第 4、5、6 張投影片的相同位置。

小叮嚀

動作設定 對話方塊中的兩種標籤，可以讓您指定滑鼠對該指定按鈕的執行動作；滑鼠移過 是當滑鼠在該按鈕上滑過時，便會執行指定的動作。如果您希望在同一個動作按鈕上執行兩種動作，可以在兩個標籤中同時做設定。除了指定跳到某張投影片的動作設定外，您也可以指定跳到其他簡報檔、其他檔案、或是某個 URL 位址，還可指定音效。

11 簡報放映時，可以在投影片中看到動作按鈕，將滑鼠指到按鈕或超連結上會出現「手」的形狀，點選即可跳到預設的目的地。

設定放映方式

「由演講者簡報」的放映方式是最常見的，也是預設的簡報放映方式，這種放映方式是由主講人在現場，根據會場的實際狀況進行簡報。

01 點選 投影片放映 > 設定 > 設定投影片放映 指令，開啟 設定放映方式 對話方塊。

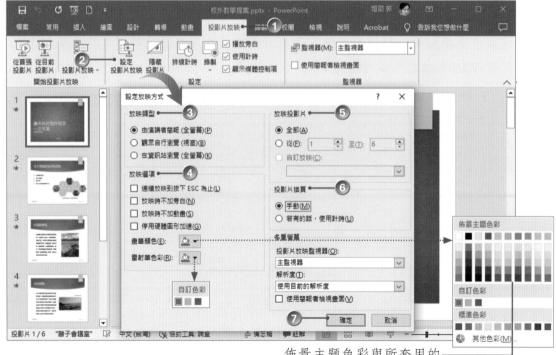

佈景主題色彩與所套用的設計範本或佈景主題有關

02 預設的 放映類型 為 ⊙ 由演講者簡報（全螢幕）項目，在 放映選項 設定區，可指定是否連續放映、放映時不加旁白或動畫，還可以指定 畫筆顏色 和 雷射筆色彩，預設皆為「紅色」。

03 在 放映投影片 設定區，設定要播放的投影片範圍，預設為 ⊙ 全部。

04 在 投影片換頁 設定區，設定投影片的切換方式，通常由演講者簡報時可改選擇 ⊙ 手動 方式。

05 設定完畢按【確定】鈕。

小叮嚀

● 在資訊站瀏覽（全螢幕）的 放映類型，一般常被用在展覽會場或銷售攤位，只需一台螢幕、不提供滑鼠或鍵盤，簡報內容會自動重複播放。這種放映方式可以事先排練或採錄製的方式，取得預存時間來進行播放。

● 要在沒有計時的情形下檢視投影片放映，請取消 投影片放映 > 設定 中的 使用計時 核取方塊，此時請手動執行投影片切換動作；要關閉旁白、筆跡和雷射筆，則清除 播放旁白 核取方塊。

簡報播放

設定好放映方式後，接下來可以開始播放簡報了！

01 點選 投影片放映 > 開始投影片放映 > 從首張投影片 指令（快速鍵為 F5），即使目前不在第一張投影片，也會從首張開始播放。

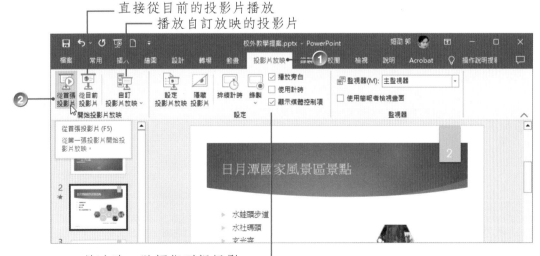

直接從目前的投影片播放
播放自訂放映的投影片

放映時，游標指到視訊影片上會出現播放控制列

02 播放時可以按滑鼠左鍵或鍵盤上的 ↑ 、 ↓ 或 Enter 鍵，切換動畫及換頁。

換頁中

03 簡報播放中，可按一下滑鼠右鍵，從快顯功能表中選擇相關指令來控制簡報的進度。還可以在螢幕上加註說明文字或草圖。在使用 指標選項 > 畫筆 的狀態下，可以用 ↑ 、 ↓ 或 Enter 鍵或滑鼠滾輪來控制播放下一張投影片。書寫完之後，再次選取 指標選項 > 畫筆 指令，就可終止 畫筆 的操作。

可清除筆跡

媒體控制項

螢光筆的筆跡

畫筆的筆跡

04 在非畫筆的指標狀態下，按住 Ctrl 鍵不放再按下滑鼠左鍵，可切換為 雷射筆 功能。

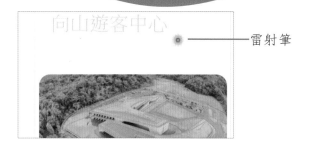

雷射筆

05 簡報播放完畢，要離開 投影片放映模式 時，最後會出現訊息詢問您是否保留筆跡標註。

可再以 橡皮擦 清除部份筆跡或按 Delete 鍵刪除

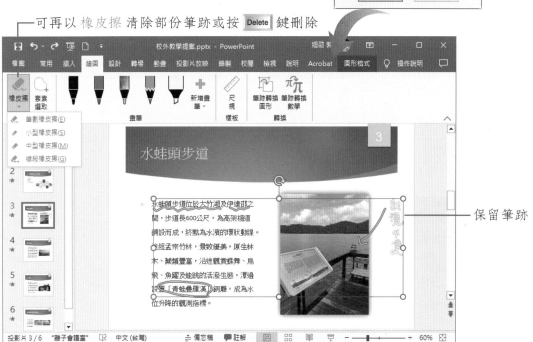

保留筆跡

將簡報轉成影片

　　在錄製簡報時，簡報中的所有元素，包括：旁白、轉場效果、動畫、雷射筆移動方式、時間…等，都會一併儲存在簡報中。我們可以將簡報轉換成包含旁白的視訊錄製，觀眾可以透過 PowerPoint 或視訊播放來觀看簡報。有兩種方式可將簡報轉變成可供觀看的視訊，一種是前面單元介紹過的，將簡報儲存為 PowerPoint 播放檔（.ppsx），另一種則是透過「建立視訊」功能，將簡報儲存為「mp4」或「wmv」格式的檔案，您可以再將此視訊檔案以 e-Mail 傳送或上傳到網站，即使閱讀者的電腦中沒有安裝 PowerPoint，也能觀看完整簡報。

01 開啟要建立視訊的簡報，執行 錄製 > 儲存 > 匯出至視訊 指令，或點選 檔案 > 匯出 > 建立視訊 指令。

02 於 Full HD (1080P) 下拉清單中選擇視訊的品質與大小；在下方的清單中可選擇是否使用錄製的旁白；沒錄製旁白時，每張投影片的預設放映時間為「5秒」。您可以重新指定 每張投影片所用秒數，設定完成後按【建立視訊】鈕。

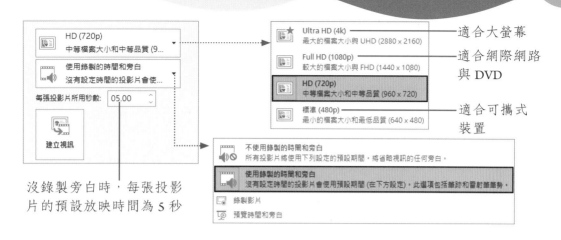

沒錄製旁白時，每張投影
片的預設放映時間為 5 秒

適合大螢幕

適合網際網路
與 DVD

適合可攜式
裝置

03 出現 另存新檔 對話方塊，選擇儲存路徑，輸入檔案名稱，按【儲存】鈕。

狀態列上顯示建立的進度

04 建立完成後，在 檔案總管 中找到視訊儲存的
位置，開啟該視訊檔，看看動畫和音效是否
正常播放。

校外教學提案.mp4

錄製的內容也完整呈現

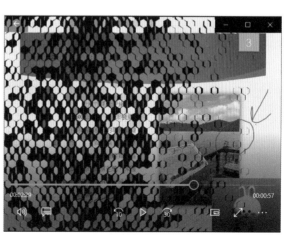

轉場特效

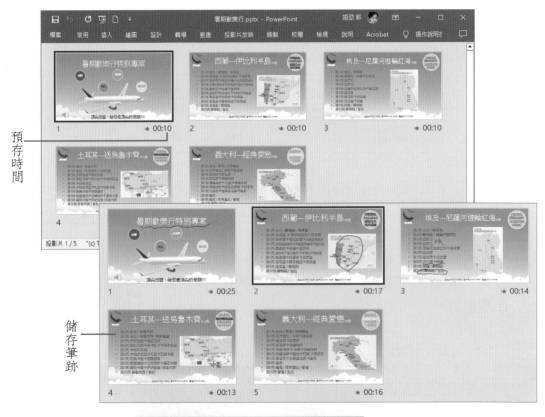

課後練習

開啟範例「暑期歡樂行 .pptx」，依以下題意執行：

- 設定由首頁四個圓形圖案的國家，超連結到各投影片中。
- 進行排練，以取代簡報的預存時間。
- 進行簡報播放，放映時不播放旁白和計時，播放期間在投影片上標註重點並儲存筆跡。
- 最後將簡報輸出為「HD (720p)、不使用錄製的時間和旁白」之「mp4」格式的影片檔案。

預存時間

儲存筆跡

匯出視訊

8-18

簡報的列印與輸出

簡報製作完畢後，在現場進行播放時，通常會再準備紙本的簡報資料，供與會者檢視或做筆記之用，因此列印簡報內容仍是不可少的動作。不過，這幾年來線上簡報的方式盛行，將簡報內容上傳到雲端已是許多個人與企業保存或共用簡報的趨勢，透過微軟的雲端服務，您也可以輕鬆的將簡報內容上傳到 OneDrive，不用再隨身帶著簡報檔案趴趴走！

新增特殊佈景主題的簡報

前面單元中介紹過新增簡報時，可以套用設計範本來快速建立投影片內容，事後還可藉由 設計 > 佈景主題 清單中的各種預設主題加以變化。除了清單中的佈景主題外，Office 線上提供更多佈景樣式可以套用，您可以在一開始新增簡報時就選擇適當的佈景主題。

01 啟動 PowerPoint 後，在 新增 頁面 建議的搜尋 中點選 佈景主題。

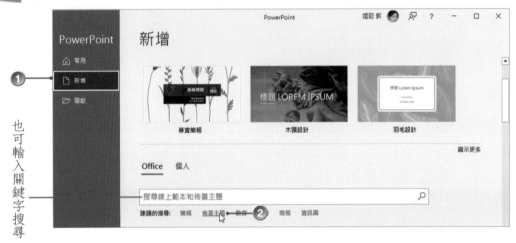

02 瀏覽眾多的佈景主題縮圖，或是鍵入關鍵字搜尋更多線上內容，找到適合的項目並點選。按【建立】鈕。

03 這類特殊佈景主題所新增的簡報，會有預設的投影片內容，您可以視需要更換圖片和文字內容。

雖然名稱為「Office 佈景主題」，但是會有不同的版面配置

04 在圖片上按滑鼠右鍵，執行 變更圖片 指令，更換為符合需求的圖片。

05 不需要的文字內容，可以選取後刪除。

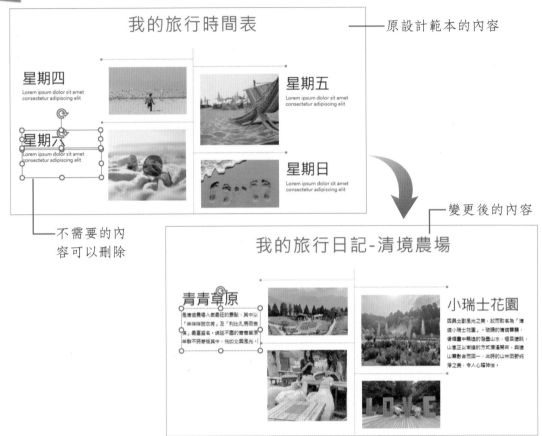

原設計範本的內容

不需要的內容可以刪除

變更後的內容

06 視需要新增投影片。

07 若要修改預設的版面配置，可以進入 母片 中修改，例如：修改標題格式、變更線條色彩、改變圖片大小或位置…等，修改成符合所需的版面。

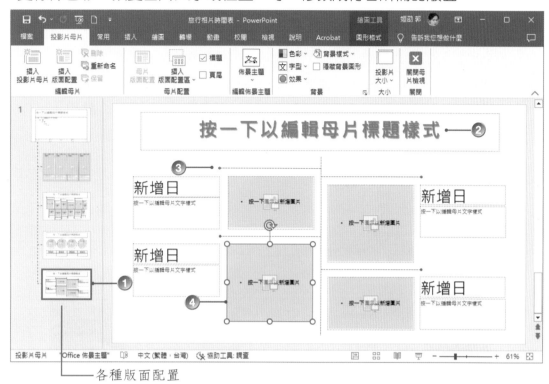

————各種版面配置

08 請開啟範例檔案「南投旅遊日記 .pptx」，這份簡報就是使用這個佈景主題所建立的內容。

列印簡報

　　將簡報內容以「講義」形式來列印，是最經濟的作法，因為您可以將多張投影片列印在一頁中，供觀眾作為參考之用。您可以在 列印 視窗中設定講義的版面配置，也能預覽列印的效果，還可設定 頁首 / 頁尾 的內容。

01 點選 檔案 > 列印 指令，畫面中間可設定列印份數、選擇印表機名稱、設定列印範圍（預設會列印所有投影片），右側會顯示 預覽列印 結果。

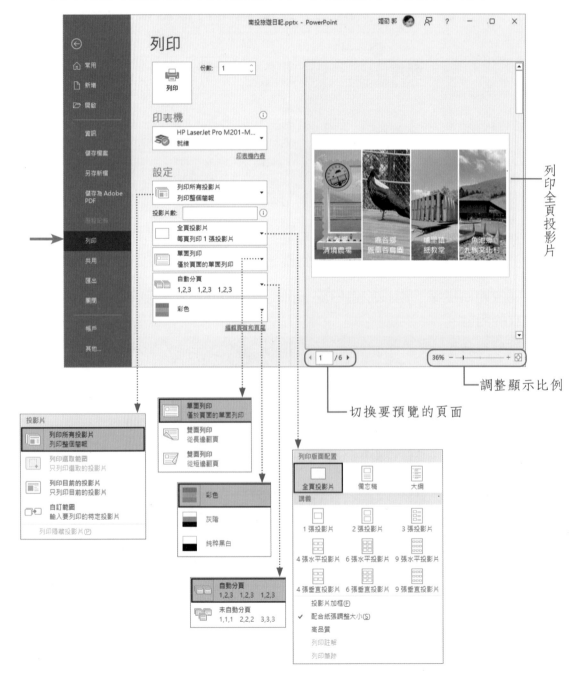

列印全頁投影片

調整顯示比例

切換要預覽的頁面

02 選擇一種要列印的版面配置，例如：講義 的 3 張投影片。

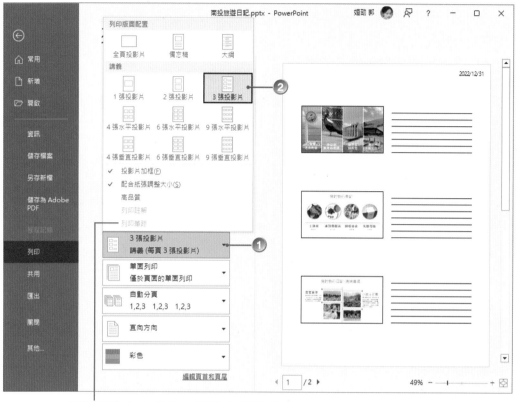

若投影片中有筆跡，預設會列印筆跡

03 設定完按【列印】鈕，即可列印所需之投影片。

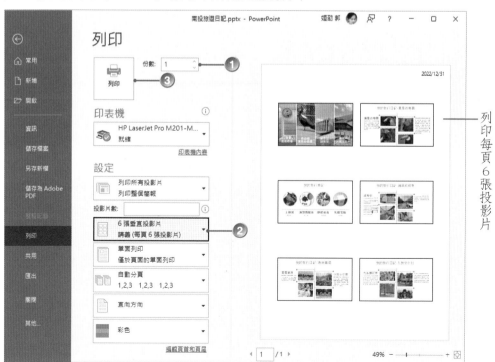

列印每頁 6 張投影片

使用 Word 建立講義

　　另一個和列印講義很類似的方式，是將簡報以講義型式輸出到 Word，簡報者可以再於 Word 文件中加註說明。

01 執行 檔案 > 匯出 > 建立講義，按【建立講義】鈕。

02 選擇 Word 文件中的版面配置，按【確定】鈕。

03 自動開啟 Word 並新增文件，可視需要調整表格欄寬，並加註文字說明。

投影片中若有備忘稿，內容會自動顯示於此欄

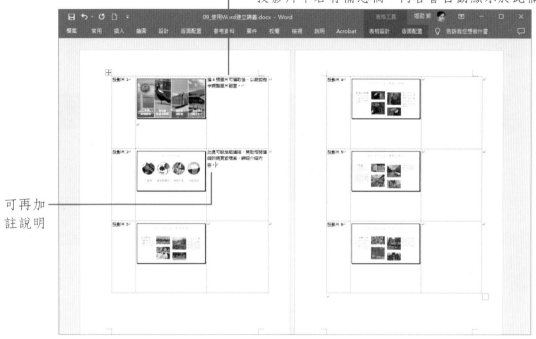

可再加
註說明

匯出為 PDF 文件

PDF（Portable Document Format，可攜式文件格式）是一種跨平台、支援多國語言、免費、方便共用的文件檔案格式，在線上檢視或列印 PDF 格式的檔案時，可以保存原始文件的風貌，包括圖片、文字格式、字體，及排版樣式…等，而不受軟體、硬體或作業系統的影響，因此是最佳的文件交換格式。只要瀏覽者安裝可檢閱的 Reader（檢視器），就可讀取並檢視文件內容。

01 開啟要轉存的簡報檔案，執行 檔案 > 匯出 > 建立 PDF/XPS 文件，點選【建立 PDF/XPS】鈕。

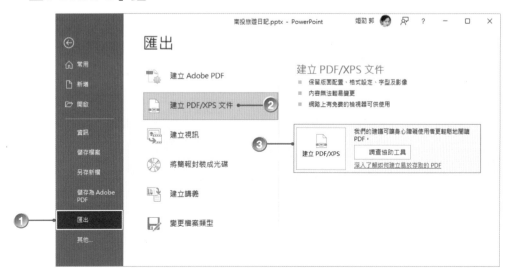

小叮嚀

若電腦中有安裝 Adobe Acrobat 軟體，PowerPoint 中預設會顯示 Acrobat 索引標籤，此時就可從此標籤執行建立 PDF 的作業；或是執行 檔案 > 儲存為 Adobe PDF 指令。

02 開啟 發佈成 PDF 或 XPS 對話方塊，選擇要儲存的位置，輸入檔案名稱；按【選項】鈕。

視需要勾選

可取得較高品質，適合列印

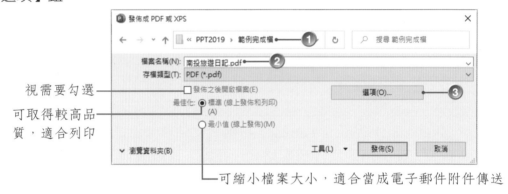

可縮小檔案大小，適合當成電子郵件附件傳送

03 此處可指定投影片的範圍、發佈的內容、是否包含筆跡…等選項，請視需要設定，按【確定】鈕，再按【發佈】鈕。

04 發佈完後，可開啟檢視。

以 Microsoft Edge 瀏覽器開啟檢視

您也可以執行 檔案 > 另存新檔 指令，存檔類型 選擇「PDF (*.pdf)」，將簡報轉存為 PDF 格式。

儲存至雲端空間 OneDrive

Office 的「雲端服務」，可以透過免費的線上軟體（Office Web Application），進行檔案的瀏覽、傳送、分享和做一些簡單的編輯。只要您有微軟帳號，即可將簡報上傳到微軟的線上儲存服務 OneDrive，目前可享用 **5GB** 的免費儲存空間。

01 開啟要上傳的簡報，執行 檔案 > 另存新檔 指令，選擇 OneDrive，按【登入】鈕。

02 出現 登入 畫面，輸入微軟帳號使用的電子郵件、電話或 **Skype** 帳戶，按【下一步】鈕。

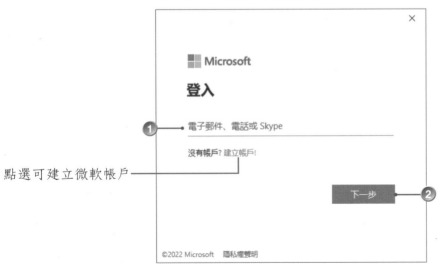

03 輸入密碼，按【登入】鈕。

04 於 另存新檔 畫面中再次點選 OneDrive - 個人，在右側快按二下要存放的資料夾名稱。

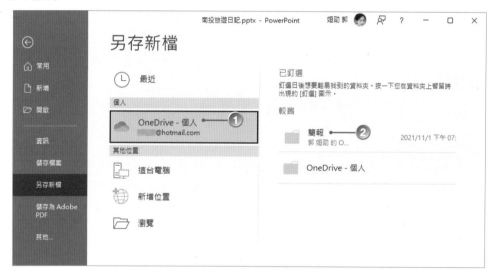

05 出現 另存新檔 對話方塊，視需要變更檔案名稱，按【儲存】鈕。

06 狀態列上顯示正在上傳的訊息。

07 上傳完畢就可以開啟瀏覽器，以自己的帳號登入 OneDrive 頁面，找到上傳
的簡報。

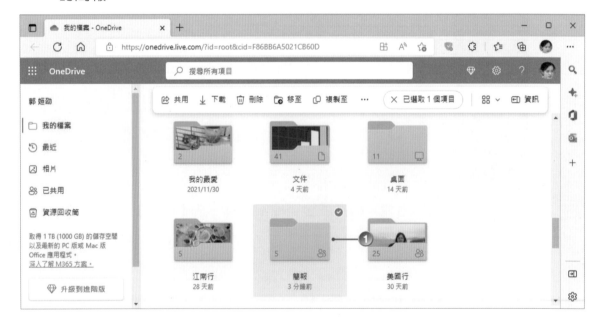

選擇開啟簡報的方式

小叮嚀

如果您所在的電腦中有安裝 PowerPoint，就可以執行 在 PowerPoint 中開啟 指令，將簡報下載後開啟。若所在電腦中未安裝 PowerPoint，可以選擇 在瀏覽器中開啟 指令，開啟網路版本的 PowerPoint，進行編輯作業。

在 PowerPoint Online 中開啟簡報

參考本單元的作法，依照題意執行以下作業：

- 新增有關「園藝」佈景主題的新簡報。
- 透過 Word 建立「空白線位於投影片右方」的講義。
- 將簡報匯出為 PDF 格式。
- 將簡報上傳到個人微軟帳戶的 OneDrive 中。

簡報處理 PowerPoint 2019 一切搞定

作　　者：碁峰資訊
企劃編輯：石辰蓁
文字編輯：王雅雯
設計裝幀：張寶莉
發 行 人：廖文良

發 行 所：碁峰資訊股份有限公司
地　　址：台北市南港區三重路 66 號 7 樓之 6
電　　話：(02)2788-2408
傳　　真：(02)8192-4433
網　　站：www.gotop.com.tw
書　　號：AEI008100
版　　次：2023 年 03 月初版
建議售價：NT$300

國家圖書館出版品預行編目資料

簡報處理 PowerPoint 2019 一切搞定 / 碁峰資訊著. -- 初版. -- 臺
　　北市：碁峰資訊, 2023.03
　　面；　　公分
　　ISBN 978-626-324-454-2(平裝)
　　1.CST：PowerPoint(電腦程式)
312.42P65　　　　　　　　　　　　　　112002493

讀者服務

● 感謝您購買碁峰圖書，如果您對
　本書的內容或表達上有不清楚的
　地方或其他建議，請至碁峰網站：
　「聯絡我們」\「圖書問題」留下您
　所購買之書籍及問題。(請註明購
　買書籍之書號及書名，以及問題
　頁數，以便能儘快為您處理)
　http://www.gotop.com.tw

● 售後服務僅限書籍本身內容，若
　是軟、硬體問題，請您直接與軟、
　硬體廠商聯絡。

● 若於購買書籍後發現有破損、缺
　頁、裝訂錯誤之問題，請直接將書
　寄回更換，並註明您的姓名、連絡
　電話及地址，將有專人與您連絡
　補寄商品。